入門
情報社会とコミュニケーション技術
改訂新版

金武完／圓岡偉男
KIM Moo Wan　TSUBURAOKA Hideo

明石書店

まえがき

現代は情報社会である。情報社会は、情報を扱う技術、知識、知恵が基盤である社会であるが、なかでも情報を移動する機能、技術が重要な役割を果たしている。この情報をある場所（あるいは人）から他の場所（あるいは人）に移動することが「コミュニケーション」であり、その移動技術を「コミュニケーション技術」、あるいは、「情報通信技術」と言う。

本書は、コミュニケーション技術の基礎とそれにまつわる社会現象上の諸問題を、多角的に理解できることを目的に執筆されたものである。特に、大学で情報社会に関する基本を学ぶ学生の教科書として、十分役立つような内容にした。内容は技術的な部分を扱う第1部と、社会的な部分を扱う第2部に分かれている。

第1部はコミュニケーション技術の基本を概説することを主目的としている。特に、3つの主要な情報通信ネットワーク（電話をベースとする固定通信ネットワーク、コンピュータ通信のインターネット、携帯電話を中心とする携帯ネットワーク）の歴史、基本的な仕組み、今後の展望を解説している。また、情報社会に不可欠なセキュリティに関する基本的な内容と今後実現が期待されるユビキタスネットワークの基本も解説している。

1章（コミュニケーション技術の歴史と概要）では、19世紀までの主なコミュニケーション技術の歴史と20世紀以降のコミュニケーション技術の歴史を説明している。2章（電話をベースとする固定通信ネットワーク）では、電話の歴史、基本技術、電話サービスの仕組みを説明するとともに、新しい電話であるIP電話の技術を解説している。3章（インターネットの歴史と動向）では、インターネットの歴史とインターネットが社会に急速に普及、進展した要因を説明している。さらに、IPV6、リアルタイム通信など、インターネットに関する主な技術的動向を解説している。4章（携帯ネットワークの仕組みと動向）では、日本における携帯電話の歴史、基本技術を説明するとともに、第3世代とそれ以降の携帯ネットワークに関する技術動向を解説している。5章（ネットワークのセキュリティ）では、コミュニケーション技術の進展とともに発生したセキュリティ上の問題とその対策について述べている。特に、インターネットの普及とともに多発している被害傾向を説明するとともに、そうした被害をもたらす様々な攻撃に対応するセキュリティ対策技術を示している。6章（NGN）では、インターネットで使われているIP技術を活用して、既存の電話ネットワークに代わる新しい固定通信ネットワークとして構築が進んでいるNGNの基本的な考え方と基本技術を紹介している。7章（ユビキタスネットワーク）では、今後の理想的なネットワークとして実現が期待されているユビキタスネットワークの基本的な技術と考え方を解説している。

第2部は、第1部で説明された現代のコミュニケーション技術と人間社会の問題が重点的に検討されている。コミュニケーション技術の発展はわれわれの社会に多くの恩恵をもたらした。特にコミュニケーションのありかたを大きく変えた携帯電話やインターネットの普及は、われわれの生活を劇的に変えることになった。しかし、その一方で従来になかった社会問題をもたらしたのである。

8章（対人的なコミュニケーションの不確定性）では、コミュニケーションの前提となる他者の問題を取り扱っている。この問題には対人的なコミュニケーションにおける情報の伝達と情報の理解に関わる根本問題が潜んでいる。これらを踏まえ、ここではコミュニケーションの基礎構造が分析されている。9章（選択される情報と現実性）では、情報固有の特性としての選択性を取り扱っている。情報とはア・プリオリに存在するものではなく、現実世界のなかから意図的に選択され構成されるものである。それはわれわれが日々、マスコミやインターネットから受け取る情報も同様である。そのような意味で情報の選択性とは情報の存立に関わるものであり、情報を考える上での基礎概念となっている。ここでは情報と情報がもたらす現実性の関係が分析されている。10章（技術の進歩と社会の適応問題）では、コミュニケーション技術の進歩と社会の適応問題が検討されている。技術の進歩はわれわれの世界に多くの利便性をもたらしてきた。しかし、その受容の過程で多くの問題をもたらしてきたこともまた事実である。技術の進歩とその適応に間にはズレがあり、そこに問題が生じている。技術の進歩とそれに追いつけない社会の姿が見いだされることになる。ここでは「振り込め詐欺」を事例にコミュニケーション技術の進歩と現代社会の問題を分析している。11章（情報の格差問題の本質を考える）では、情報社会のなかの新たな格差問題を検討している。そこでは情報機器の操作に関する格差のみならず、情報の選択や活用の格差が存在することが指摘され、単純に情報格差とはいえない現実があることが見いだされる。そして、情報の持つ特性を反映した複雑な格差構造が分析されている。12章（生活世界と情報モラル）では、情報を活用する上でのモラルが検討されている。現代の情報社会は、情報の受信も発信もきわめて容易になった。しかし、そこには個人情報の漏洩、知的財産権の侵害も簡単に生じてしまう。そして、現段階では、これらの問題に対して直接的な規制は難しい現実がある。これらを踏まえ、なぜ、規制が必要なのか、なぜ、モラルが必要なのかを説き起こし、情報社会のなかに生きる現代人の問題を検討している。13章（ネット世界の人間関係）では、インターネットの世界に構築される人間関係の問題を検討している。特に「ネット上のいじめ」の問題を取り上げ、その実態を概観している。そして、匿名性、間接性などの情報空間の持つ特性に注目して、この問題を分析している。さらに、ここでは、単純にネットの世界だけではなくその背後にある現代社会の人間関係の問題をも含めて検討している。14章（情報社会のなかの人間）では、第2部で取り上げられた現代の情報社会の問題を総括的に検討している。特に情報社会の間接性の問題、情報の過多と偏りの問題を再考している。そして、生きた人間の生活する世界の問題として情報社会を位置づけ、人間社会の一側面としての情報社会を分析している。

本書は2011年3月に初版を発行したが、それ以降、関連する技術は継続的に進展している。たとえば、2020年の東京オリンピックに合わせて第5世代携帯ネットワーク（5G）のサービスが始まり、社会的に大きなインパクトを与えることが予想されている。そこで、今回、その間の技術的な進展を反映した内容を盛り込んだ改訂を行った。

なお、執筆は第1部を金が、第2部を圓岡が担当した。

2019年1月
金　武完
圓岡偉男

入門　情報社会とコミュニケーション技術【改訂新版】◎目　次

第1部　コミュニケーション技術

第1章

コミュニケーション技術の歴史と概要

1.1　コミュニケーション技術の歴史

コミュニケーションとは、「情報をある場所から他の場所に移動する」ことを意味し、情報の移動技術がコミュニケーション技術である。以下、いままでの主なコミュニケーション技術の歴史を、19世紀までの歴史と20世紀以降の歴史に分けて説明する。

(1) 19世紀までのコミュニケーション技術

図1.1に19世紀までの主なコミュニケーション技術の歴史を示す。図に示すように、人間にとって重要なコミュニケーション技術は文字である。1万年程前から文字が使われ、人間の営みや出来事が記録されるようになり、「歴史」が始まる。しかし、歴史が始まるかなり前である50万年程前から人間は、まず、コミュニケーション技術として言葉を使用し進歩してきた。したがって、人類のいままでの進歩の過程を明らかにし、現在の姿をより良く理解するためには、歴史以前の人類の歩みを知る必要がある。このため、考古学、生物学などの様々な学問分野で横断的な研究が行われ、歴史が始まるまでの時代に関しても、すでにかなりのことがわかるようになってきている。この時代に興味のある読者は、例えば、『銃・病原菌・鉄――1万3000年にわたる人類史の謎――』（ジャレド・ダイヤモンド著、草思社出版）という本が参考にな

前50万年～	言　語		
前　1万年～	絵　画		
	文　字		
西暦元年～	のろし		
	飛　脚		
1450年頃	活版印刷	(グーテンベルグ)	
1765年	蒸気機関	(ワット)	
1835年	電　信	(モールス)	日本では1870年
1840年	郵　便	(ローランド・ヒル)	
1843年	ＦＡＸ	(ベイン)	
1876年	電　話	(ベル)	日本では1890年
1895年	無線通信	(マルコーニ)	

図1.1　コミュニケーション技術の歴史　－19世紀までの技術－

ると思う。

次の重要なコミュニケーション技術は、15世紀のグーテンベルグが実現した活版印刷技術である。それまでの手書きによる情報の複製を飛躍的に進歩させ、一部の人々にだけに限定されていた様々な情報、知識が多くの人々に共有されるようになり、多様な社会的変化を引き起こす要因になったと言える。

その後、18世紀にイギリスで起こった産業革命によって、電気に基づいた様々な近代的なコミュニケーション技術が登場する。

モールスによる電信の発明（1835年）、ベインによるFAXの原理の発明（1843年）、ベルによる電話の発明（1876年）と続き、ケーブルを使用する有線通信技術が実現される。これらの技術を実現させた原動力は、ニュートン力学以来目覚ましく発展した物理学と数学である。特に、物理学の発展によると言えるが、その中から無線通信技術が登場する。無線通信技術は電磁波の一種である電波を利用する技術であるが、電波は人間の目には見えない。したがって、人類は19世紀までは電波の存在を知らなかったのであるが、電磁気学を確立したマクスウェルによって理論的にその存在が予想された。マクスウェルの電磁気学の方程式を解くと、

⑴ 科学（サイエンス）の発展
　－科学の目的：自然法則の解明（万有引力、電磁波等）
　－数学的方法（微分、積分、幾何）を駆使

⑵ 解明した自然法則に基づいた技術の確立
　－新しい学問として工学（金属、機械、電気等）の進展

⑶ 連続的な新しい製品による社会の変貌
　－鉄道、発電機、無線通信装置等が次々と実現
　－農業社会から工業社会に変貌

図 1.2　産業革命の発展プロセス

光と同じ速度で伝播する電磁波が求められたのである。その後、ヘルツが（周波数の単位Hzはこの人の名前に由来する）、電波の存在を実験で証明し、1895年マルコーニによって、電波の断続による無線通信技術が発明された。なお、マルコーニの発明から10年もたっていない1905年の日本海海戦で、無線通信技術が活躍したことは良く知られていることである。

以上述べた産業革命の発展プロセスをまとめたのが、図1.2である。即ち、まず、ニュートン力学、マクスウェル電磁気学等の科学（サイエンス）が、数学的な方法を駆使して（運動方程式等として）発展した。サイエンスの目的は自然法則の解明であり、多くの科学者の努力によって万有引力、電磁波等が解明された。次に、解明された自然法則に基づいた新しい技術が確立し、技術を体系化した様々な工学（金属工学、機械工学、電気工学等）が学問として進展した。さらに、工学の進展の結果、新しい製品（鉄道、発電機、無線通信装置等）が次々と実現され社会に大きな影響を与え、その結果、それまでの農業社会が工業社会に変貌することになった、と言える。

1920年	ラジオ
1926年	テレビ（高柳）
1945年	コンピュータ（ノイマン）
1947年	トランジスタ（ショックレー他）
1969年	ARPANET
1979年	自動車電話
1983年	OSI
1987年	携帯電話
1990年	インターネットのISP
1999年	iモード
1999年	ブロードバンド
2001年	第3世代携帯電話
2006年	ワンセグによるテレビ放送
2010年	LTEサービス
2015年	LTE-Advanced サービス

図1.3　コミュニケーション技術の歴史　－20世紀以降の技術－

(2) 20世紀以降のコミュニケーション技術

図1.3に20世紀以降の主なコミュニケーション技術の歴史を示す。まず、1920年代において19世紀で発明された無線技術に基づいた、ラジオとテレビの放送技術が実現され、社会に大きな影響を与えた。

その後、第2次世界大戦を挟み、1945年以降コンピュータ、トランジスタなどの目覚ましい発明が続いているが、これらも19世紀までの発明と同様に物理学の発展によるのである。20世紀に入ってすぐに物理学は大きく飛躍し、従来のニュートン力学に基づいた古典力学とは根本的に違う、新しい量子力学を確立する。量子力学によって、それまで良く把握されていなかった電子の存在や光の性質が明確になり、電子、光を制御し、応用する電子工学（即ち、エレクトロニクス）が誕生する。その結果、半導体が実現し、今日の情報社会を支える様々な固体デバイスが発明されるのである。さらに、半導体は、まずトランジスタとして実用されて

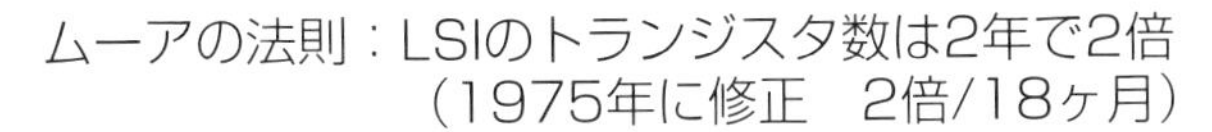

ムーアの法則：LSIのトランジスタ数は2年で2倍
（1975年に修正　2倍/18ヶ月）

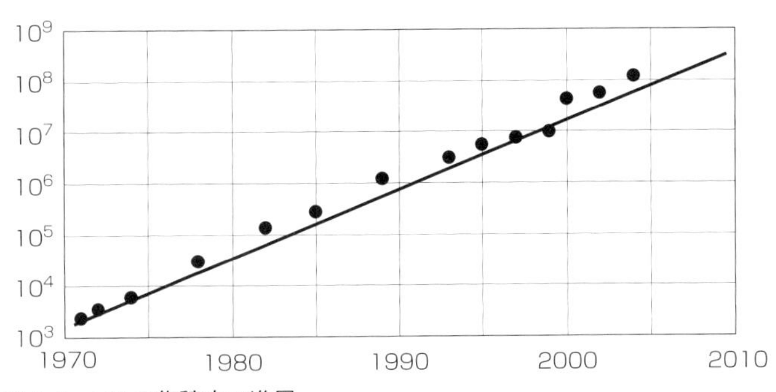

図 1.4　LSI の集積度の進展

いくが、複数のトランジスタを一つの回路として集積した集積回路IC（Integrated Circuit）となり、多くのシステムの新しい部品として使用されていく。ICはさらにその集積度を進展させ、LSI（Large Scale IC）となり、現在も引き続きその集積度を進展させている。

図1.4に1970年以降のLSIの集積度の進展を示すが、これをムーアの法則と呼んでいる。18ヶ月でLSIのトランジスタ数が2倍になるので、5年後に約10倍、10年後に約100倍、15年後に約1000倍、20年後に約10,000倍と、指数関数的に集積度が上昇して来た。このＬＳＩの進展によってコンピュータは急速に性能が向上するとともに、価格が安くなり、今日の形となったのである。しかし、ムーアの法則も曲がり角に来ている。LSIの集積度の進展は、主に半導体の微細化技術（即ち、トランジスタをより小さく作る技術）に依存しているが、既に数ナノ（1ナノメートルは10億分の1メートル）が使われており、物理的な限界が近づいていると推定されているからである。

⑴ 量子力学の確立
　－シュレーディンガーの波動方程式など

⑵ 電子工学（エレクトロニクス）の誕生と発展
　－トランジスタの発明（1947年）
　－IC（Integrated Circuits:集積回路）の発明（1958年）
　－LSI（Large Scale Integration:大規模IC)の進展

⑶ 連続的な新しいIT製品による情報化社会の実現
　－コンピュータ、インターネット、携帯などの発展と普及

図1.5　情報化社会の発展プロセス

以上述べた情報化社会の発展プロセスをまとめたのが、図1.5である。特にLSIと光エレクトロニクス技術の進展によって、1970年以降様々な新しいコミュニケーション技術が実現されていった。インターネットに代表されるコンピュータネットワーク、パーソナルな移動通信である自動車電話や携帯電話、光ファイバケーブルとディジタル通信技術に基づいたISDNがその代表例である。即ち、これらの新しいコミュニケーション技術は、すべてネットワーク技術であると言える。したがって、本書の第1部はネットワーク技術にフォーカスして、その歴史、展望を紹介している。

1.2　現状のネットワーク

図1.6に現状のネットワークを示す。図に示すように、現在世の中で稼働しているネットワークは3種類存在する。即ち、電話をベースとする固定通信ネットワーク、コンピュータ通信のインターネット、携帯電話の携帯ネットワークである。これらのネットワークは物理的に別々な設備とシステムを使用して構築され相

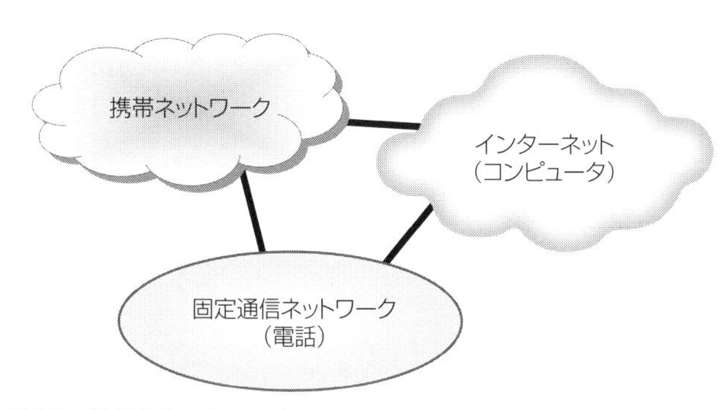

図1.6　現状のネットワーク

互に接続されているが、それぞれ異なる事業体によって運用されている。以下、この3つのネットワークの概要について説明する。

(1) 固定通信ネットワーク

1876年にベルが電話を発明して以来、100年以上にわたって電話を中心とした固定通信ネットワークが構築されてきている。しかし、現在固定通信ネットワークは大きな曲がり角に来ている。19世紀から一貫して増え続けてきた電話数が、近年、インターネットや携帯電話の影響で減り始めており、ネットワークを根本から見直す必要に迫られた。様々な議論と検討を進めた結果、インターネットで使われているIP技術で新しいネットワーク(NGNと言う)を実現することが決まり、商用サービスが進展している。

固定通信ネットワークについては2章を、NGNに関しては6章を参照されたい。

(2) インターネット

1969年に軍事研究用ネットワークであるARPANETとしてスタートしたインターネットは、コンピュータ同士の通信を行う

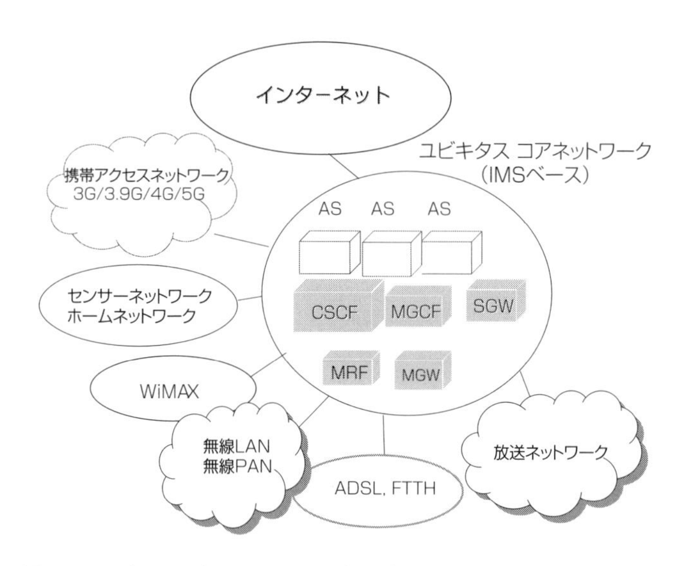

図1.7　ユビキタスネットワークの実現例

ネットワークとして1990年代半ばから世界中で急速に普及し、いまやコミュニケーションの有力な手段として重要な存在となっている。しかし、当初インターネットは仲間同士でコミュニケーションするネットワークとして開発されたので（即ち、性善説で開発された）、社会に広く使われるようになると、様々なセキュリティ上の問題が起こり、セキュリティ対策が不可欠になってきている。

インターネットに関しては3章を、セキュリティに関しては5章を参照されたい。

(3) 携帯ネットワーク

自動車電話から始まった携帯電話のための携帯ネットワークは、1990年代から急速に普及し、すでに固定ネットワークをユーザ数で追い越している。1980年代の第1世代から始まった携帯ネットワークは、1990年代の第2世代を経て、2000年以降は第3世代、第4世代として継続的に進展している。今後はさらに、第5世代に向けて進展することが期待されている。また、1999年のiモードサービスの登場とともに、2000年代では、写真、財布、放送受信などの電話通信以外の機能が次から次へと追加され、当初の持ち運びできる電話から、個人の生活に不可欠なパーソナルデバイスに進化してきていると言える。このために、いまや一般のユーザにとっては、携帯電話よりも「ケータイ」の方が実感に合った言い方として定着したと思われる。

携帯ネットワークに関しては4章を参照されたい。

以上、現状の3つのネットワークの概要を説明したが、今後これらのネットワークは様々な新しい技術の進展によって大きく変わろうとしている。特に、新しい無線通信技術の進展を原動力としてお互いに融合し、一つの共通のネットワークになっていくと思われている。その一つに融合された将来のネットワークをユビキタスネットワークと呼んでいる。図1.7に、ユビキタスネットワークの実現例を示しているが、ユビキタスネットワークに関しては7章を参照されたい。

第2章

電話をベースとする固定通信ネットワーク

2.1　電話の歴史

電話は1876年米国のアレクサンダー・グラハム・ベルによって発明された。ベルはスコットランド生まれであったが、アメリカに移住し、ボストン大学で発声生理学の研究をしていた。音声障害者のための装置を開発する中から、音声を電気信号に変え送信し、受信した受話器で音声を再生することに成功したのである。

発明された電話はその利便性からすぐに社会に普及し、1878年には世界最初の電話局が米国のコネチカット州ニューヘブン市で開局した。このとき使用された交換機（即ち、相手の電話に接続する装置）は、交換手が接続コードを操作して接続する手動交換機であった。その後電話がますます普及するとともに、自動交換機がストロージャによって開発され（ダイヤル数字ごとに接続経路を選択するので、ステップ・バイ・ステップ方式と呼ばれた）、1892年にインディアナ州のラポート市で自動交換機を使用した電話局が開局した。日本には1887年（明治20年）にイギリスより電話機が輸入されるとともに、1890年（明治23年）に東京と横浜で交換業務が開始された。自動交換機に関しては、関東大震災後の1926年に日本に導入され、1930年から国産化が始まり、第2次世界大戦前の日本における電話網構築に大きな役割を果たした。

しかし戦前は、電話はまだ一般庶民にとって身近なものではなかった。電話が本格的に社会に普及するのは戦後の1970年代であるが、戦後の電話網の進展は次の通りである。

(1) 電話増設の時代：1945年～1978年

戦争が終わった1945年から1978年頃までは、申し込めばすぐに家に設置される電話、電話番号を回せば日本中のどこでもすぐつながる電話を目指して、電話網が増設された時代である。戦争で残った電話は47万台程度であったが、NTTの前身である日本電信電話公社が発足する1952年には、戦前の水準である150万台まで回復した。1955年には、電話網の進展を目的としてクロスバ交換機が国産化され、1960年には、加入者数が急増し360万台となった。さらに、1965年には730万台、1970年には1510万台、1975年には3030万台、1980年には3850万台と進展した。その結果、1978年頃には、全国電話網の自動即時化（即ち、電話番号を回せばすぐにつながる）と、電話申し込みの積滞が解消し（即ち、申し込めばすぐに付く）、1980年には3850万台となった。

(2) ディジタル化の時代：1968年～1997年

このように、電話網の規模の充実化が進展するとともに、技術革新に伴う質的な充実として、電話網のディジタル化が進展した。ディジタル化は、半導体技術やディジタル回路技術の発展とともに、伝送路の高品質化と経済化を目指して、まず、伝送装置のディジタル化 から始まった。さらに、交換機のディジタル化へと進み、コンピュータのソフトウェア技術を取り込んだプログラム制御の電子・ディジタル交換機が実用化された。こうしたディジタル技術で実現される電話網を総合ディジタル通信網ISDN (Integrated Services Digital Network) と呼び、日本電信電話公社とその後民営化されたNTTによって、約30年間にわたってその実現が進められた。その結果、1997年に電話網の全ディジタル化

図2.1　電話技術の基本

が完成し、ほぼ全国的なISDNが実現された。ISDNでは、ユーザに基本インタフェースとして、二つの電話用チャネル（Bチャネルと言う）と一つの信号用チャネル（Dチャネルと言う）を提供している。

2.2　電話技術の基本

このように進展してきた電話技術の基本を図2.1に示す。図2.1にあるように、電話を実現するためには、CODEC（COmpression / DECompression：コーデック）を持つ電話端末と固定通信ネットワークが必要である。CODECを持つ電話端末は人間の音声をネットワークが扱えるディジタルの符号（即ち、パルス）に変換する符号化機能と、逆にディジタル符号を音声に戻す復号化機能が必要である。また、固定通信ネットワークは任意の通信相手を選んでその間の通信路を接続する交換機と、ディジタル符号を確実に遠方に伝送する伝送路が必要である。以下、これらについて説明する。

2.2.1　音声の符号化・復号化技術

図2.2に、連続的に変化する音声（アナログ信号）をパルスの組

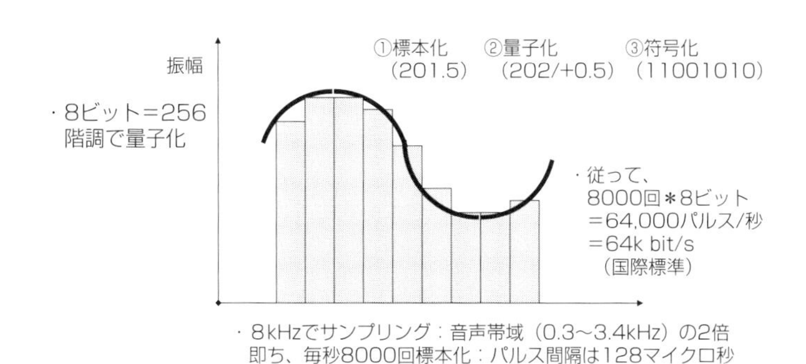

図2.2　PCM方式

み合わせ（ディジタル信号）に変える（即ち、音声の符号化）、PCM（Pulse Code Modulation）方式の基本的な処理方法を示す。図に示すように、標本化、量子化、符号化の3つの処理が行われるので、以下これらを説明する。

①標本化：標本化とは、図に示すように、一定の周期でアナログ信号の大きさを読み取る処理である。標本化の周期が十分短ければ、元の音声が忠実に再現されるが、間隔が長過ぎれば元の音声が再現できなくなる。標本化の間隔を短くすればする程、より高速の通信回路が必要となるので、適当な標本化の周期を決める必要がある。このために使用されるのが、シャノン（C. E. Shannon）の「標本化定理」である。「標本化定理」とは、「元のアナログ信号に含まれる最高周波数の2倍以上の周波数で標本化すれば、標本から元の信号を忠実に再現できる」というものである。電話で扱う音声帯域は0.3〜3.4kHzとなっているので、標本化周波数は6.8kHzとなるが、実際の装置では余裕を見て、8kHzで標本化する。即ち、毎秒8000回標本化を行い、その周期（パルス間隔）は、128 μ sec（1/8000）となる。

②量子化：音声信号は連続的に変化するので、標本の振幅をパルスの有無で正確に表す場合、無限個のパルスが必要となる。しかし無限個のパルスを使うことはできないので、適当なステップに分けて標本の振幅を四捨五入する。このように、適当なステップに分けて四捨五入する処理を量子化と呼んでいる。

量子化されたパルスは四捨五入に伴う誤差が生じるが、これを量子化雑音という。量子化雑音はPCM方式では避けられないものであるが、実際上問題がないように抑える必要がある。ステップ幅を細かくすればする程、量子化雑音を抑えることができるが、経済化を図るためにはステップ数をできるだけ少なくすることが重要である。このため、電話の場合は256ステップ（即ち、8ビット）で量子化を行い、より高品質が要求される音響機器の場合は6万5536ステップ（即ち、16ビット）が使われている。

③符号化：量子化されたパルスの振幅値を、符号に対応させることを符号化という。符号としては、2進符号を使うが、2進符号の1、0がパルスの有、無に対応し、通信に適しているからである。

以上より、PCM方式で電話を使う場合、標本化周波数は8kHz, 即ち毎秒8000回標本化を行い、それぞれの標本値を8ビット（即ち、8個のパルス）で符号化するので、毎秒6万4000個のパルスが出力される。1秒あたりのパルス数をビットレートといい、bit/sで表すので、電話1回線あたりのビットレートは、64kbit/sとなる。

PCM方式は、1972年に国連の専門機関であるITU-T（International Telecommunication Union Telecommunication Standardization Sector）で国際標準として制定され、64kbit/sが電話伝送における国際標準インタフェースとなった。ISDNの基本インタフェースとして使用されているBチャネルはこれを表している。

なお、シャノンは情報理論を構築したことでも有名である。情報理論とは、文字、音声、写真、画像等で表される情報の大きさを定量的に定義し、情報の蓄積・伝送に関する研究・開発の指針を与える理論である。

まず、確立モデルを用いて「自己情報量」を定義する。例えば、事象Xが起こる確率を$P(X)$とすると、$-\log P(X)$をXの「自己情報量」と定義する。ここでlogの底は2である。次に、「自己情報量」の平均値を考え、「平均情報量」を定義する。例えば、n個の事象から成る確率事象集合をA（即ち、$A=\{X_1, X_2, \cdots\cdots X_n\}$）とすると、「平均情報量」$H(A)$を次の様に定義する。

$$H(A) = -\sum_{k=1}^{n} P(X_k)\log P(X_k)$$

この式は熱力学でのエントロピーと同じであり、情報理論においてもエントロピーと呼んでいる。

2.2.2　固定通信ネットワーク

図2.3に日本の固定通信ネットワークの構成例を示す。図に示すように、固定通信ネットワークは、多数の交換機と、交換機と交換機をつなぐ伝送路から成っている。さらに、交換機は電話機（通信端末）が直接接続している加入者交換機（LS）と中継交換機（TS）がある。LSは同じ地域における電話同士（例えば、同じ千葉市内の電話）を接続する交換機であり、LSが扱う範囲を市内網と呼ぶ。TSは遠く離れた電話同士（例えば、千葉市の電話と神戸市の電話）を接続するのに必要な交換機であり、TSが扱う範囲を市外網と呼ぶ。伝送路も、通信端末と加入者交換機をつなぐ伝送路である加入者線と、中継交換機同士をつなぐ伝送路として中継伝送路がある。

図2.4に、加入者線の構造例を示している。電話を使用するために電話会社に加入しているユーザを加入者と呼んでいるが、図は加入者が一戸建ての自宅に住んでいる例である。

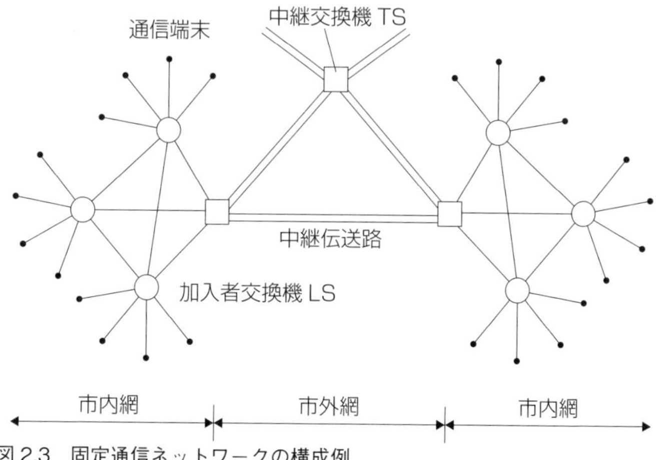

図 2.3　固定通信ネットワークの構成例

家の中にある電話機（通信端末）の音声信号は、まず、近くの電柱にある接続端子箱に伝送される。その後、電柱間のケーブル（架空ケーブルと言う）で伝送され、マンホールに入る。マンホールの中では地下ケーブルで伝送され電話局の加入者交換機に接続される。また、局間中継線は交換機同士を接続する中継ケーブルであるが、場合によっては、無線を使う場合もある。

2.3　回線交換技術による電話サービス

前述した固定通信ネットワークによって、どのように電話サービスが実現されているかを説明する。図2.5に交換機を中心とした固定通信ネットワークを示す。前述したように、自宅の電話機、あるいは公衆電話機は加入者線によって地域の加入者交換機に接続しており、加入者交換機はさらにその上位の中継交換機に接続されている。このように多数の交換機を相互接続した固定通信

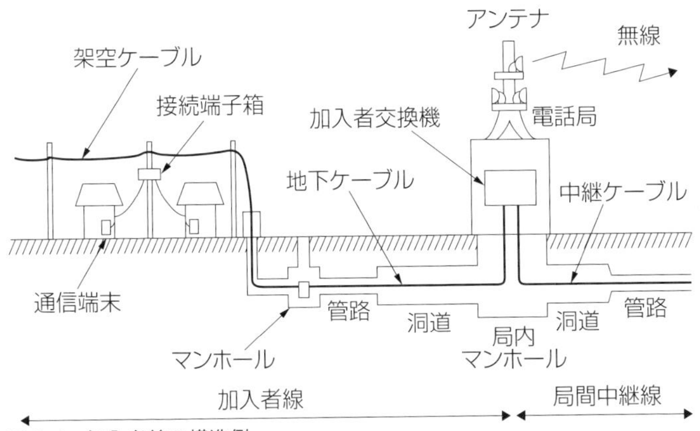

図2.4　加入者線の構造例

ネットワークによって、日本中の数千万台の電話機が電話番号を入力するだけで、電話サービスを利用することができるのである。

次に、図2.6に電話をかけるときネットワークで行われる処理の流れを示す。電話をかけることをネットワークの立場で「呼」と言い、電話サービスを実現するためにネットワークで行われる処理を「呼処理」と言っているので、図2.6は呼処理の流れを示している。

まず、電話をかける人（千葉の発信者）が受話器を上げると、電話機から加入者交換機に発呼信号が送信される。加入者交換機は発呼信号を受信すると、発信者を認証し、料金未納などの問題がなければ電話番号入力を促す発信音を電話機に送信する。次に、発信者が相手（神戸の着信者）の電話番号を入力すると、番号信号が加入者交換機に送信され、加入者交換機は受信した番号の分析を行う。番号分析の結果、着信者が遠方の人であることがわかると、着信者が加入している加入者交換機（神戸）まで中継交換機を経由して番号信号を送信する。着信者の電話機が接続されてい

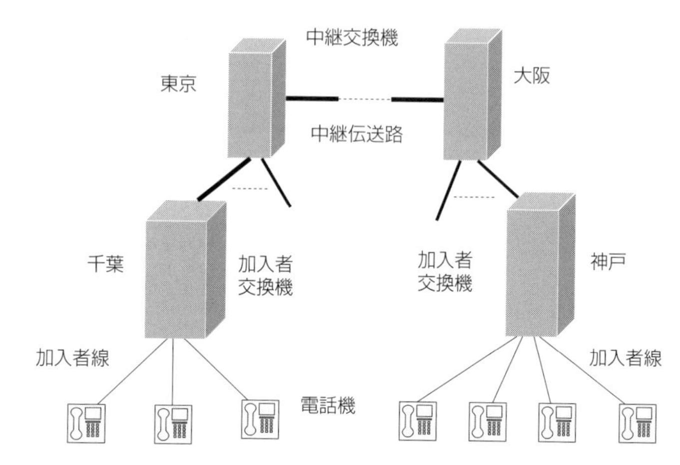

図2.5　固定通信ネットワークによる電話サービス

る加入者交換機（神戸）が番号信号を受信すると、着信者の状態を確認して、電話ができる状態である場合は、電話がかかってきたことを知らせるために、着呼信号を着信者の電話機に送信して呼出しを行う。同時に、発信者の加入者交換機（千葉）に、呼出し中を知らせる信号を送信し、発信者の加入者交換機はこの信号を受信すると、発信者に呼出し音を聞かせる。またここまでに並行して通話に必要なネットワークのリソース（即ち、回線）を確保し、予約しておいているので、着信者が受話器を上げて応答すると、予約されている回線を用いて直ちに通話を始めることができる。

以上が通話までの呼処理の基本的な流れであるが、電話機と交換機、あるいは交換機同士で信号（シグナル）をやりとりすることを「シグナリング」と言う。また、電話開始時から通話に必要な回線を確保し、終了するまで専有して使用する方式であるので、ここで使っている技術を回線交換技術と言う。

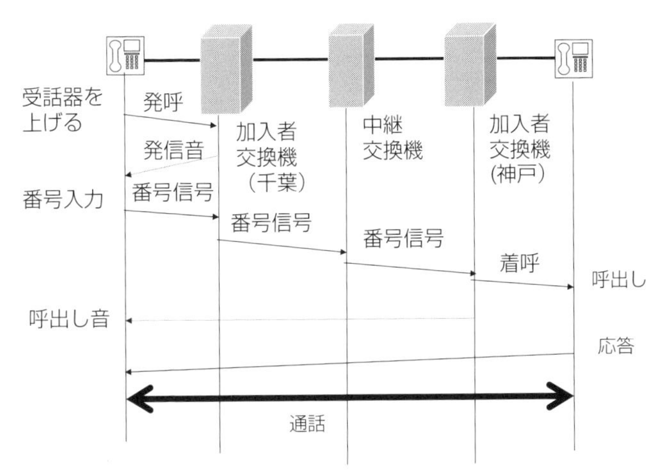

図2.6　呼処理の流れ

2.4　IP電話

近年、前述した既存の回線交換技術による電話に代わり、インターネットなどで使用するIP技術を使用したIP電話が普及している。IP電話を実現する技術をVoIP（Voice over Internet Protocol）という。広義のIP電話は、VoIP技術を利用する電話サービスを指すが、狭義のIP電話は、ネットワークの一部または全部においてIP技術を利用して、既存の回線交換技術による電話サービスとほぼ同等な品質保証型の電話サービスを提供するものを指す。また、Skypeのようなインターネット電話とは、インターネットをそのまま利用して実現する、ベストエフォート型（即ち、最大限努力はするが品質の保証はしない）の電話サービスを言い、インターネットの状態によっては品質が保障されない場合がある。ここでは、広義のIP電話を実現する技術を説明する。

2.4.1　IP電話の基本構成

VoIPによるIP電話は、2.3で説明した既存の呼処理をIPネットワークで実現したシステムである。図2.7にIP電話を実現するためのシステムの基本構成を示す。以下、各構成コンポーネントを説明する。

(1) 発信端末（IP電話機）

図2.6に示しているように、呼処理は電話の相手の番号を入力して着信者を呼び出すまでの「シグナリング」フェーズと、着信者と話をする「通話」フェーズに分かれている。したがって、まず、発信端末はIPネットワークに信号（シグナル）を送受信する機能が必要である。VoIPのシグナルとして使うプロトコルはH.323、SIPがあるので、発信端末はこれらのプロトコルを処理する機能が必要である。次に、通話を行うために、音声を符号化し、音声パケットとしてネットワークに送受信する機能が必要である。音声符号化方式は2.2で説明したようにPCM方式があるが、これらを実際に実現したコーデック（CODEC）を組み込む必要がある。

(2) IPネットワーク

IPネットワークには、既存の交換機で行われる呼処理を実行する機能が必要である。したがって、まず、シグナルプロトコルに応じてシグナリング処理を行うVoIPサーバが必要である。次に、音声パケットを発信端末から着信端末まで確実に届けるパケット転送機能が必要である。一般にIPネットワークは、音声パケットのみを転送するのではなく、メールパケット、Webアクセスパケットなど様々なアプリケーション用のパケットが混在して、同時に転送されている。しかし、これらのパケットに求められている品質条件（遅延、揺らぎなどの許容時間値）は異なるので、

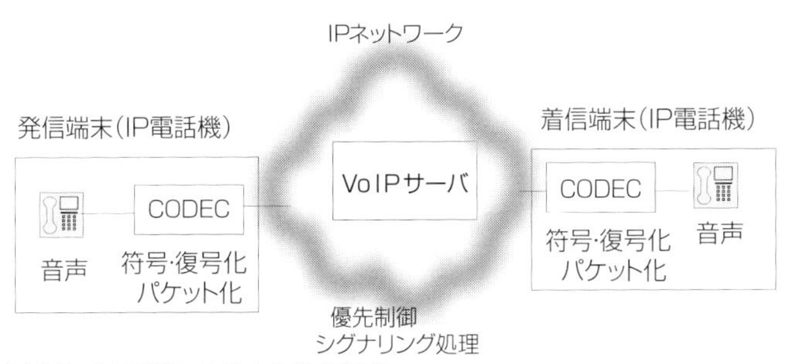

図 2.7　IP 電話システムの基本構成

IPネットワークの中の装置は品質条件に応じた処理を行う必要がある。特に、IP電話用のパケットは、リアルタイム通信用パケットであるので、遅延と揺らぎに対する条件が他のパケットよりも厳しい。そのため、IPネットワークの中のルータにおいては、これらのリアルタイムなパケットを優先的に扱う優先制御を行う必要がある。

（3）着信端末（IP電話機）

着信端末も発信端末と同じように、シグナルプロトコルを処理する機能と通話用の音声パケットを送受信する機能と、パケットから元の音声に復号するためのコーデックが必要である。

2.4.2　シグナル用プロトコル

IP電話システムで使われる主なシグナルプロトコルとしては、H.323、SIPがある。H.323は、1996年ITU-Tで標準化されたプロトコルであり、バイナリの値を使用している。既存電話ネットワークのシグナルプロトコルを基本に開発されているので、既存のシステムとの親和性が高い。SIP（Session Initiation Protocol）はIETFで標準化されたプロトコルであり、テキスト形式である。

IPネットワークやインターネットとの親和性が高く、H.323よりシンプルで拡張性が高い。

2.4.3　音声品質

(1) 音声品質の劣化要因

IP電話の大きな課題の一つは、音声品質をいかに確保するかである。音声品質を劣化させる主な要因は、パケット損失、遅延、揺らぎである。パケット損失があると音声が途切れて聞きにくくなり、遅延があると通話相手からの返事が遅くなりスムーズな会話ができなくなる。一般に遅延が150ms（即ち、0.15秒）以上になると双方向の音声通話が成立しにくくなると言われている。ITU-Tは遅延に関して表2.1のように規定している。

また揺らぎがあると、音質や音量がゆがむとともに、音が途切れたりする。揺らぎを吸収するためには、受信したパケットをバッファに格納して、一定間隔で転送する必要がある。バッファの値を大きくすると揺らぎを解消することができるが、遅延が大きくなるので、バランスを考えた対応が必要である。

(2) 音声品質の評価方法

表2.2に音声品質の主な評価方法を示す。人が音を聞いて評価する主観評価としては、5段階で評価するMOS（Mean Opinion Score）値に基づいて行う方法がある。これは最も人間の感覚に近い評価ができる方法であるが、手間がかかるので、測定器などで評価する客観評価が必要である。PSQM（Perceptual Speech Quality Measurement）は、人の耳や脳のモデルをもとに、音の劣化を評価する代表的な客観評価法である。

R値は、ITU-Tで音声品質を設計するモデルとして構築されたEモデル上で総合伝送品質を表す値として定義された。R値の最高は93.2で、80以上は既存の回線交換技術による固定電話並み、

表2.1　ITU-Tの遅延に関する規定（G.114）

遅延(片方向)	規定
0から150ms	大部分のユーザで受け入れ可能
150から400ms	ネットワークの管理者が、品質に対する遅延の影響を把握している場合に限って受け入れ可能
400ms以上	例外を除き受け入れは不可能

G.114には、この他に遅延によるMOS値への影響も書かれており、遅延が200msを超えるとMOS値が低下することが示されている。

表2.2　音声品質の評価方法

	主観評価	客観評価	総合伝送品質評価
評価方式	MOS値	PSQM	R値
評価方法	人間が電話機で音を聞いて数値評価する。平均を取る	原音とネットワークを通して劣化させた音を比べ、劣化度合いを算出する	20個のパラメータから計算式に基づいて値を算出する
評価数値の範囲	1～5 高い方が高評価	0～無限大 低い方が高評価	1～100 高い方が高評価

70以上は携帯電話並み、となる。

第3章

インターネットの歴史と動向

インターネット（Internet）とは、InterとNetworkを合成して作られた用語であり、「ネットワークのネットワーク」の意味である。図3.1に示すように、プロバイダのネットワーク、企業内ネットワーク、大学のキャンパスネットワーク、研究組織のネットワークなど、世界中で稼働している個別のコンピュータネットワークをお互いに接続してできあがった大きなネットワークである。ここで、プロバイダとは、インターネットサービスプロバイダISP（Internet Service Provider）であり、個人や企業がインターネットに接続するための仲介を行う業者を意味している。

図3.2にインターネットの歴史の概要を示す。インターネットが世界に広く普及したのは、1990年代からである。図に示しているように、最初はアメリカの研究機関を中心に展開していたネットワークであったが、1990年代に入り、商用でのインターネット利用が盛んになった。特に、WWW（World Wide Web）が誕生し使われることによって、広く世界に普及するようになった。さらに、1995年以降には、家庭でもPCが普及し、個人利用も盛んになり、現在では、コミュニケーション手段の一つとして重要な存在となっている。以下、インターネットの歴史と動向について説明する。

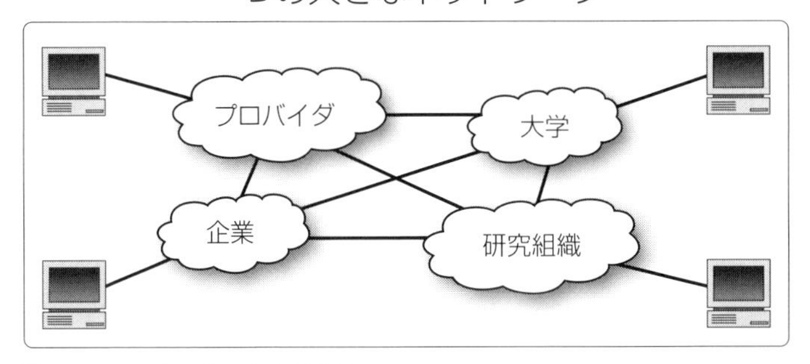

図 3.1　インターネットとは何か

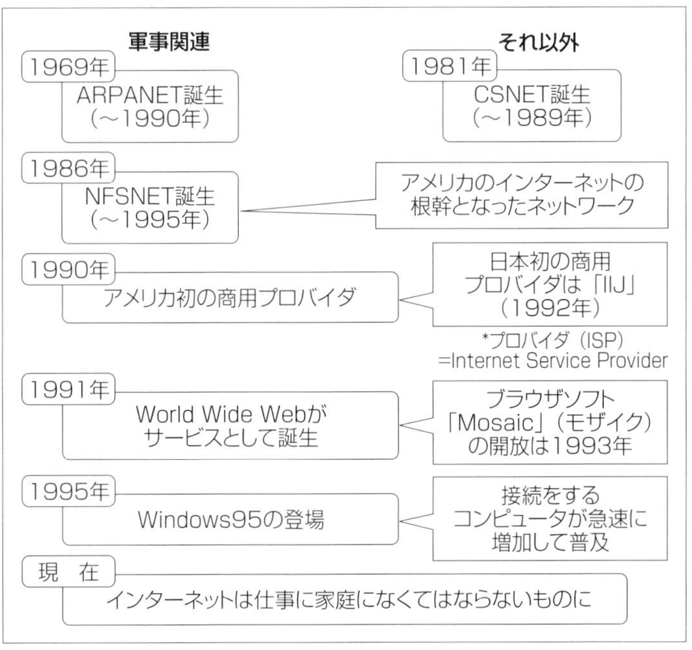

図 3.2　インターネットの歴史

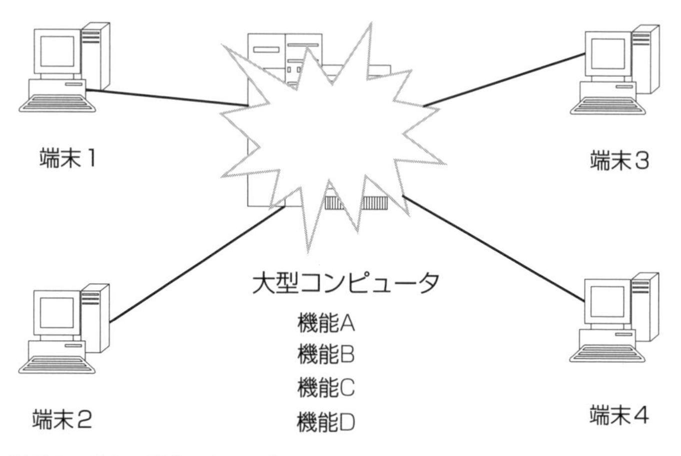

図3.3　スター型ネットワーク

3.1　ARPANETの誕生と拡大

インターネットの原型は、東西冷戦の産物として、1969年に米国で開発されたARPANET（ARPANetwork）である。1958年に米国の国防総省に当時の仮想敵国であったソ連に勝る軍事科学技術開発を推進するための組織として、高等研究計画局ARPA（Advanced Research Projects Agency）が設置された。ARPAは冷戦を背景に、莫大な予算を駆使することができ、ARPA内に1962年に情報処理技術部IPTO（Information Processing Technology Office）を設置し、核戦争に耐えられるコンピュータネットワークの研究開発を進めた。当時のコンピュータネットワークは図3.3に示すように、スター型が主流であった。スター型は、中央の大型コンピュータにすべての機能が集中し、端末から中央のコンピュータに接続して機能を利用するものである。スター型の弱点は、中央の大型コンピュータが停止すると何もできない、あるいは、端末

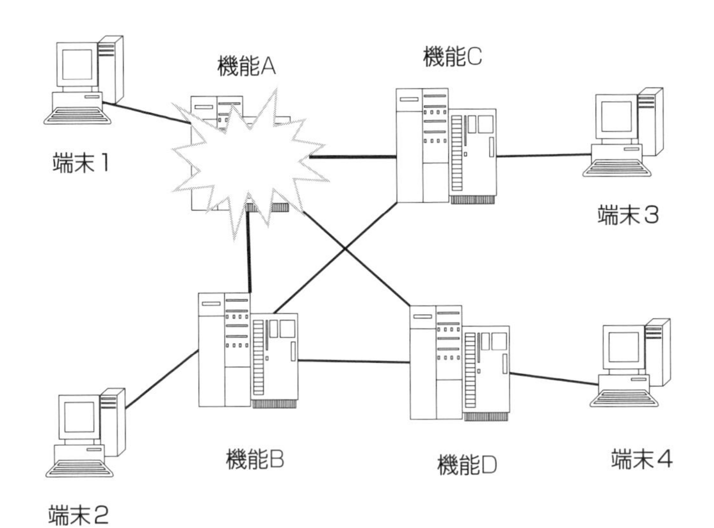

図 3.4　広域分散ネットワーク

・1969年、最初のARPANET稼働
　・カリフォルニア大学ロスアンゼルス校・サンタバーバラ校
　　スタンフォード研究所、ユタ大学を接続

・1970年、ゼロックス社がパロ・アルト研究所（PARC）を設立
　・1970年代　通信規格「イーサネット（Ethernet)」を開発

・1972年、ARPAがDARPAと改名

・1973年～74年、プロトコル「TCP/IP」を開発
　・DARPAのBob Kahnとスタンフォード大学のVint Cerf

・1980年代初頭、DARPAがUNIXへのTCP/IP実装を支援する
　・1983年　4.2BSDがリリースされる
　・UNIX＋イーサネット＋TCP/IPが標準的な形になる

図 3.5　ARPANET の拡大

から中央コンピュータへの接続が途絶えると何もできないことである。即ち、ソ連の核攻撃に対してきわめて脆弱であると言える。

そこで、図3.4に示す広域分散コンピュータネットワークを目指した研究開発を進め、実現したネットワークをARPANETと呼んだのである。図に示すように、広域分散コンピュータネットワークにおいては機能が広域に離れた複数のコンピュータに分散されているので、たとえ一つのコンピュータが攻撃されその機能（例：機能A）が停止しても、自動的に迂回経路が選択され、残りの機能（例：機能B、C、D）を使用することができる。

1969年に最初に稼働したARPANETは、UCLA（カリフォルニア大学ロスアンゼルス校）、UCSB（カリフォルニア大学サンタバーバラ校）、SRI（スタンフォード研究所: Stanford Research Institute）、ユタ大学の4か所を接続したネットワークであり、通信プロトコルはNCP（Network Control Program）を使用していた。その後、1972年にARPAはDARPA（高等研究事業局: Defense Advanced Research Projects Agency）と改名し、コンピュータ同士を接続する新しいプロトコルとして、今日インターネットで広く使用されているTCP/IPの開発をスタンフォード大学と共同で進めた。さらに、1983年にARPANETは二つに分割され、一方は軍用ネットワークとしてMILNETと呼ばれるようになった。もう一方はARPANETの名前を継承し、研究用ネットワークとなり、その通信プロトコルをTCP/IPに切り替えた。

一方、1981年に全米科学財団NSF（National Science Foundation）はARPANETで培われた技術をもとにスーパーコンピュータを接続するネットワークとしてCSNET（Computer Science Network）を始めた。さらに、1986年にCSNETを、大学間を接続する学術研究目的の非商用ネットワークとして再構築し、NSFNET（NSF Network）と呼んだ。NSFNETは全米の基幹ネットワークとして運用し、ARPANETの役割がNSFNETに引き継がれたので、

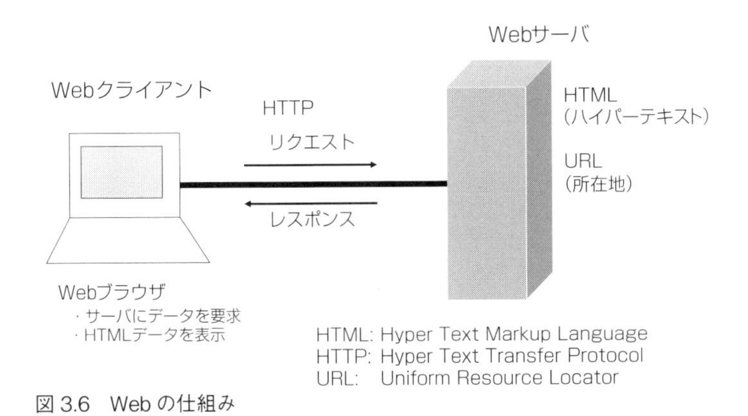

図 3.6　Web の仕組み

1990年にARPANETは役割を終えて運用を停止した。

3.2　インターネットの進展

以上述べたように、1980年代までのインターネットは米国の政府と研究機関を中心に運用され、AUP（Acceptable Use Policy）という制限が設けられ、ネットワークを商業的に利用することが禁止されていた。しかし、1990年代に入りネットワークを商業的に利用することが認められるとともに、商用の事業者（即ち、プロバイダ）によるネットワークが運用されるようになった。1991年に商用インターネット協会キックスCIX（Commercial Internet Exchange）が設立されるとともに、広くインターネットがネットワークの用語として世の中に普及し、運用・利用形態も現在の形に近づいていった。

その後1990年代後半からインターネットが世界中で急速に普及していったが、その主な要因は次の通りである。

3.2.1　WWWの出現

インターネットは様々なアプリケーションに使用される。電子メール、ファイル転送、WWW（World Wide Web）などが代表的なアプリケーションの例である。したがって、インターネットでは、様々なアプリケーションによるパケットが混在して流れているが、初期のインターネットでは電子メールのパケットが最大であった。その後、情報公開サイトが増えるとともに、ファイル転送のパケットが電子メールのパケットを追い越し、その傾向がしばらく続いた。この傾向を大幅に変化させたのが、WWWの登場である。WWWは単にWebと呼ばれる場合が多いが、当初スイスのヨーロッパ粒子物理学研究所において、Tim Berners-Leeが文献整理のために考案したものである。その後米国イリノイ大学のNCSA（National Centerfor Supercomputing Applications）において、学生が開発した画像なども扱える革新的なブラウザソフトであるモザイク（Mosaic）が1993年に無料で開放されることによって、WWWの利用が盛んになった。さらに、その後ユーザインタフェースに優れたWebブラウザであるネットスケープが開発され、WWWがキラーアプリケーションとなり、インターネットの使い方が大きく変化したのである。

図3.6に、WWWの基本的な仕組みを示す。ユーザ（即ち、Webクライアント）は、Webブラウザと呼ばれる閲覧ソフトを使って、HTTP（Hyper Text Transfer Protocol）プロトコルを使用してインターネットに接続されているWebサーバに情報を要求（リクエスト）する。Webサーバは、リクエストされたマルチメディア情報を検索し見つけると、レスポンスとしてWebクライアントに返信する。Webサーバの場所はURL（Uniform Resource Locator）で指定されており、そこに格納されている情報はマークアップ言語であるHTML（HyperText Markup Language）で記述されている。HTMLでは、関連する他のWebサーバのURLをテキストの中に

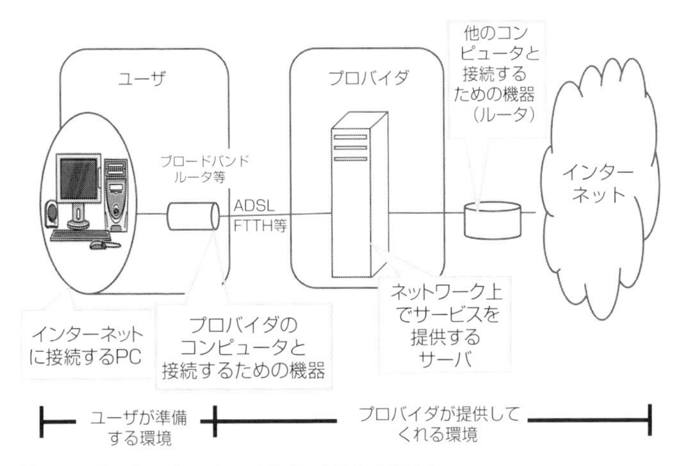

図3.7　インターネットへの接続（個人の場合）

記述することができるので、容易に他のWebサーバにアクセスし、インターネット上で分散している関連する情報を検索することができる。

3.2.2　Windows 95の登場と個人向けプロバイダサービスの開始

マイクロソフトがWindows 95でTCP/IPを標準として搭載するとともに、プロバイダが個人向け接続サービスを開始したので、PCを使う個人がインターネットに容易に接続することができるようになった。即ち、それまではUNIXを使う大学の研究者など比較的コンピュータに詳しい人が主に使っていたインターネットを、Windows 95が入っているPCを購入すれば、一般の人が誰でも使えるようになった。同時に、BEKKOAME、Rimnet等、安価な個人向けプロバイダによる接続サービスが普及するとともに、NTTのOCN（Open Computer Network）、ODNなど、通信事

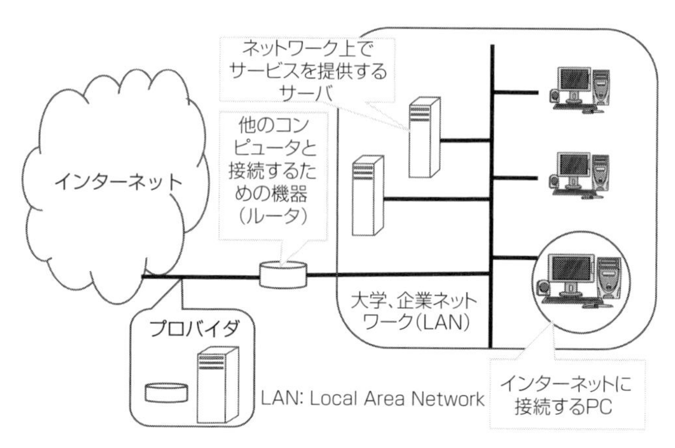

図3.8　インターネットへの接続（大学、企業の場合）

業者による全国をカバーするプロバイダも登場し、インターネットの普及が促進されたのである。

図3.7に個人ユーザがプロバイダを経由してインターネットに接続する形態を示す。まず、個人ユーザはプロバイダのコンピュータと接続するための機器（例：ブロードバンドルータ）を用意し、2章で説明した固定通信ネットワークの回線事業者の加入者線に接続する。加入者線は電話局に接続されているが、そこからさらにプロバイダのコンピュータに接続される。このとき、回線事業者が提供するサービスである、ダイアルアップ接続、ADSL、FTTH等を利用する。

商用サービスの初期においては、個人ユーザはプロバイダまでダイアルアップで接続していた。ダイアルアップ接続は、電話網を利用してモデム（コンピュータのディジタル情報を音声情報に変換する装置）を介して接続する形態とISDNを介して接続する形態がある。しかし、WWWの使用が急増するとともに、伝送速度の高速化が強く要望され、より伝送スピードが早いADSL、FTTH

などのブロードバンドアクセスが実現されてきた。ADSLは、電話の加入者線の高周波帯域を利用して、Web利用に必要な下り（即ち、WebサーバからPCへの情報のダウンロード）を高速化したものである。FTTHは、レーザ、ファイバケーブル等の光通信技術を活用した高速化技術である。

また、課金方式も従量課金（使用時間に応じた課金方式）から定額課金（使用時間に関係しない課金方式）となって、より個人のインターネット利用環境が良くなった。図3.8は大学、企業がインターネットに接続する形態を示す。大学、企業は独自に構築したプライベートネットワークであるLAN（Local Area Network）を持っているので、プロバイダを経由してインターネットに接続する場合と直接インターネットに接続する場合がある。

3.3　インターネットの技術的な動向

このように進展し続けてきているインターネットの、主な技術的な動向は次の通りである。

3.3.1　IPV6の策定

インターネットにつながっている世界中のコンピュータには、それを一意的に識別するために、IPアドレスが割り当てられている。現在使われているIPアドレスは、32ビットの長さを使用するIPバージョン4（V4）である。したがって、IPV4で識別できるコンピュータの台数は約43億台（2^{32}）である。しかし、インターネットが世界中で急速に普及するとともに、IPアドレスが不足する問題、即ち、IPアドレスの枯渇が憂慮されるようになった。そこで、IPアドレスの長さをV4の4倍の128ビットに拡張したバージョン6（V6）が策定された。IPV6では、3.4×10^{38}個（2^{128}）の膨大なアドレスを使用することができるので、アドレス

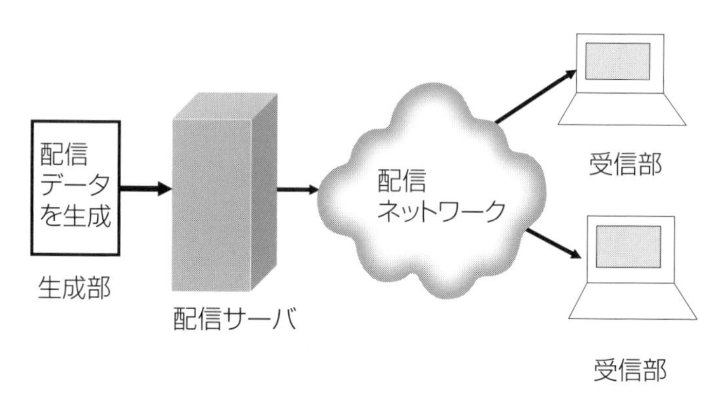

図3.9　ストリーミングの基本構成

不足問題は根本的に解決されるのである。ただし、すでに普及し定着しているIPV4を前提に実現されている既存のシステムやソフトを替える必要があるので、V6の普及にはまだ時間がかかると思われる。

3.3.2　リアルタイム通信の実現

インターネットはコンピュータ間の通信を行うネットワークとして始まっているので、基本的にリアルタイム通信には適していない。リアルタイム通信は、情報のリアルタイム性が重要なアプリケーションであり、ストリーミング（映像配信）や、IP電話などがその例である。コンピュータ間の通信は、たとえ1ビットでも誤りがあると正しい処理ができないため、リアルタイム性よりも、情報の信頼性をより重視するものであるので、必ずしもリアルタイム性が保証されない。それに対して、リアルタイム通信は、たとえ、情報（音声、映像など）の一部が欠けても再生が可能であるが、情報の到着時間に対しては厳しいリアルタイム性が要求される。情報を受信する側では、遅れた情報や、途中でなくなった情報は無視して、一定時間内に到着した情報だけを利用して再生を行うので、許容範囲を超えて遅れる情報があると正しい再生ができないのである。

リアルタイム通信の代表的な例であるストリーミングの基本構成を図3.9に示す。

ストリーミング（Streaming）とは、「川や泉の水が絶えず流れる」を意味するので、ストリーミングとは、サーバが配信し、ネットワークを経由して流れてくるマルチメディアのデータをクライアントが受信し、その都度プログレッシブに（逐次的に）再生するアプリケーションである。主に対象とするデータは、音声と映像（即ち、動画像）データであるので、音楽配信、映像配信サービスとも言う。図3.9の各構成コンポーネントは以下の通りである。

(1) 配信データの生成部

マイク、カメラで収集、撮影した音声や映像をキャプチャソフトでシステムに取り込む。取り込んだ音声や映像は、配信用のデータに変換し、配信サーバに転送する。配信用のデータに変換するときに、音声や映像はそのままでは大き過ぎるデータであるので、情報を圧縮してディジタル符号に変換する。

(2) 配信サーバ

生成部から転送されてくる配信データをファイルとして格納しておき、クライアントからの要求に応じてファイルを読み込み、パケットにして配信ネットワークに送出する。ライブ配信の場合は、多くの要求に同時に対応するために、メモリ上でコピーが作られる場合がある。

(3) 配信ネットワーク

配信要求のある複数のクライアントにネットワークで配信する方法として、ユニキャストとマルチキャストがある。ユニキャストは、要求のあるクライアントごとに1本ずつ配信するので、サーバ、ルータへの負荷が大きい。マルチキャストは、マルチキャスト用ルータがグループアドレスごとにユーザを管理し、データをコピーし配信するので、配信サーバの負荷が少ない。

(4) データ受信部（クライアント）

クライアントは、配信ネットワークから送信されてくるパケットを一旦バッファに蓄積して（バッファリング）受信する。途中でパケットが無くなったり、順序が入れ替わることがあるので、まず、受信したパケットをチェックし、必要に応じてパケットの挿入や順序入れ替えなどの処理を行う。その後、受信したデータを元の音声、映像データに戻す。

3.3.3　P2Pモデルの普及

WWW、メール、ストリーミングなど多くのインターネットアプリケーションはクライアント／サーバ（C/S: Client Server）モデルで実現されている。しかし、近年、コンピュータ（PC）の低価格化と高性能化が進むとともに、FTTH等のネットワーク技術の進展によって、PC間の情報のやりとりが、より容易になってきている。このため、ネットワークにつながったPCを有効に活用する様々な新しい考え方が表れているが、その代表的なものとして、P2Pモデルが普及している。

P2PとはPeer to Peerの略であり、ピア（Peer）とは、「対等の者」の意味である。P2Pはコンピュータ同士が対等の関係で通信する形態を表しており、このような通信形態のネットワークをP2Pネットワークと呼ぶ。図3.10に通常のC/SモデルとP2Pモデ

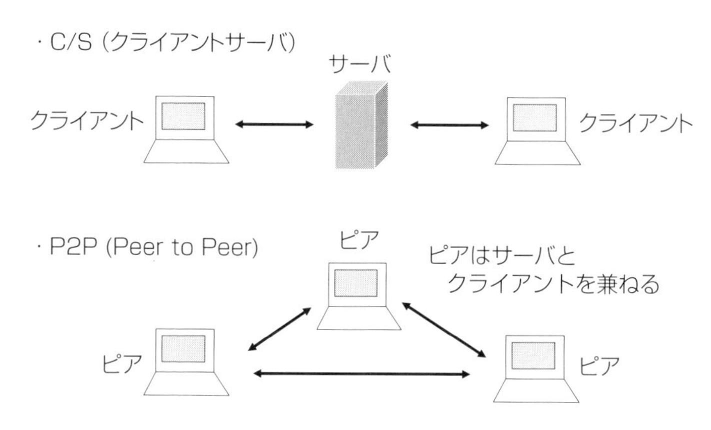

図3.10　P2PとC/S

ルの違いを比較して示している。図に示すように、C/Sモデルにおいては、サーバはある特定のサービスを提供し、クライアントはサーバが提供するサービスを利用する。前述のWeb、ストリーミングなど多くのネットワークアプリケーションはC/Sの形態でサービスを提供している。P2Pの場合は、サービスを提供する特定のサーバはなく、対等な立場のピア（即ち、コンピュータ）が状況に応じてサーバとクライアントを兼ねることができる。そこで、ピアをサーバントと呼ぶこともある。

現在、P2Pネットワークは各所で注目されており、様々な分野で利用されている。P2Pの主なアプリケーションとしては、ファイルの共有・交換サービス、グループウェアサーバがないコラボレーションツール（例：Groove）、無線通信技術で様々な通信デバイスを接続するアドホックネットワーク（MANET: Mobile Ad-hoc Network）、映像配信を行うストリーミング（例：Kontiki）等がある。

また、P2Pに基づいたサービスを実現する方式には、混合型（Hybrid）とピュア型（Pure）がある。混合型は、P2Pネットワークにおいて通信相手のピアを発見するのにサーバを使う方式である。その後のピア同士の情報のやりとりにサーバは関与しないが、サーバが停止するとサービスの停止となるので、C/Sと同じ弱点を持っている。これに対して、ピュア型は一切サーバを使わない方式であるので、P2Pネットワークにおいて、一部のピアが停止しても別のルートでのサービスを行うことができる。混合型に比べると、ピアの匿名性はより守られるが、サービスの信頼性は不十分である。

3.3.4 IoT

IoTとは、Internet of Thingsの略であり、「モノのインターネット」と言われている。今まで人が操作するコンピュータ、携帯端末などがインターネットに接続し情報の送受信を行っているが、操作する人を伴わないで、様々な「モノ」に通信機能を持たせることによって、直接インターネットに接続できるようにする考え方である。たとえば、家の中にある照明器具や冷蔵庫などの家電、自動車、ロボット、医療機器などが直接インターネットに接続され、様々な情報を送受信し、より迅速・詳細な計測ができるとともにきめ細かい制御ができるようになる。特に、医療分野での活用（例：家にいる人の医療情報を病院に送り専門医が診断する）と工業分野での活用（例：収集した電力使用量に基づいた発電・送電する電力量の制御）などが新しい可能性として期待されている。

3.4 インターネットの具体例

3.4.1　全体の構成

図3.1で示したように、インターネットは、プロバイダ（ISP）のネットワーク、企業内ネットワーク、大学のキャンパスネットワーク、研究組織のネットワークなど、世界中で稼働している多

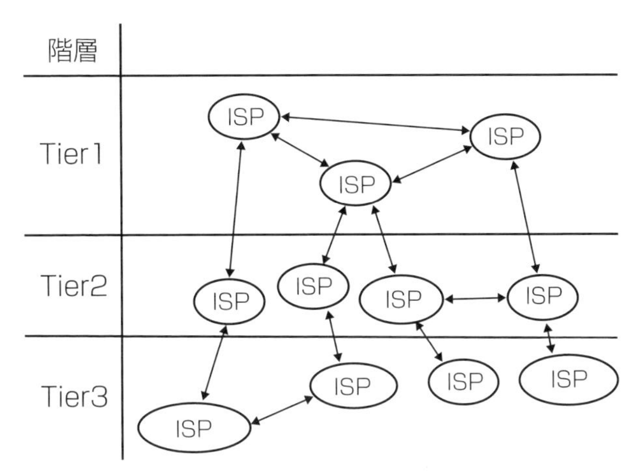

図 3.11　インターネット全体の構成

くの個別のコンピュータネットワークをお互いに接続してできあがった大きなネットワークである。

図3.11に、現在稼働しているインターネット全体の構成、即ち、ネットワークアーキテクチャを示す。図3.11に示すように階層構造になっているが、一番上の階層にあるノード（ネットワークの接続拠点）がTier1と呼ぶプロバイダのネットワークである。Tier1のプロバイダは、全世界で10社程度あり、全世界のコンピュータと接続できる経路情報（フルルートと呼ぶ）を持っている。

Tier1は下の階層であるTier2のノードと接続しているが、この接続形態をトランジット（transit）と呼び、Tier2のノードであるプロバイダは接続しているTier1のノードからフルルートを取得する。同じ階層のTierに含まれるノード同士は対等な立場で接続されているが、この接続関係をピアリング（peering）と呼び、IX（Internet exchange）を介して実現されている。

3.4.2　ISPのサービスと具体例

プロバイダとは、前述したように、インターネットサービスプロバイダISP（Internet Service Provider）であり、個人や企業がインターネットに接続するための仲介を行う業者を意味している。

ISPが提供する主なサービスは次の通りである。

(1) 個人向け

まず、ISPがあらかじめ申請して割り当てられたIPアドレスから、個人ユーザがインターネットに接続するためのＩＰアドレスを貸与する。次に、メールアドレスを発行し、メールを送受信できるようにする。また、個人が自分のホームページを公開する場合は、ISPが持っているWebサーバにユーザ用のディスクスペースを提供する。

(2) 企業向け

企業向けとしては、企業が使うドメイン名を代行して取得するサービスを行う。また、企業のホームページを開発するために、ISPが持っているWebサーバの一部を貸与するサービス（ホスティングサービスと呼ぶ）を行う。Webサーバの設定、保守管理はISPが行うので、企業は容易にWebサイトを構築することができる。さらに、防災設備を有するとともにセキュリティ対策も完備しているデータセンターを保有し、企業のWebサーバなどの情報システムを預かり、代わりに保守・運用するサービス（ハウジングサービスと呼ぶ）を行う。

ISPの具体例として学術情報ネットワークであるSINET（Science Information NETwork）を紹介する。図3.12はSINETの利用概念図を示す。SINETは、図3.12に示すように、日本全国の大学、研究機関等の学術情報基盤として、国立情報学研究所

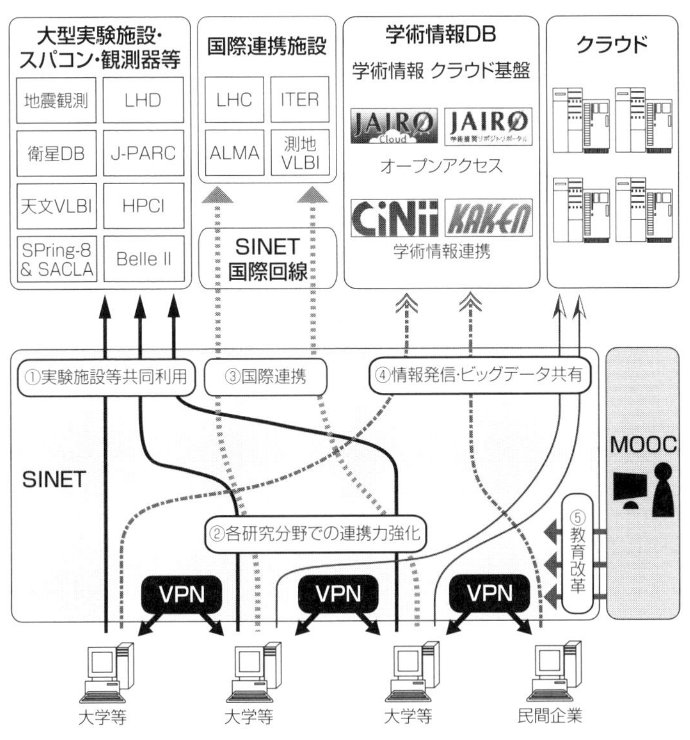

図 3.12　SINET 利用概念図

https://www.sinet.ad.jp/aboutsinet

(NII : National Institute of Informatics) が構築、運用している情報通信ネットワークである。教育・研究に携わる数多くの人々のコミュニティ形成を支援し、多岐にわたる学術情報の流通促進を図るため、全国にノードを設置し、大学、研究機関等に対して先端的なネットワークを提供している。また、国際的な先端研究プロジェクトで必要とされる国際間の研究情報流通を円滑に進められるように、米国Internet2 や欧州GEANT2 をはじめとする、多くの海外研究ネットワークと相互接続している。

第4章

携帯ネットワークの仕組みと動向

4.1 携帯ネットワークの歴史

図4.1に、いままで急速に進展してきた携帯電話のネットワーク（携帯ネットワークと呼ぶ）の発展の歴史を示す。図に示すように、アナログ技術を用いた第1世代携帯ネットワーク1G（1st Generation）から始まり、ディジタル技術による第2世代携帯ネットワーク2G（2nd Generation）を経て、第3世代携帯ネットワーク3G（3rd Generation）、第4世代携帯ネットワーク4G（4th Generation）まで発展してきている。さらに、引き続き第5世代携帯ネットワーク5G（5th Generation）として発展していくと期待されている。

以上は一般的な技術的な発展の歴史であるが、特に、日本におけるいままでの技術以外のものも含めた歴史に着目してより詳しく見ると次の通りである。

〈黎明期〉

・1979年：東京23区内で世界初のセルラー方式による自動車電話サービスが当時の電信電話公社（今のNTT）によって開始される。

・1985年：電信電話公社が民営化され、NTTとなる。車外に持ち出せる「ショルダーホン」が登場する。

〈成長期：第1世代〉

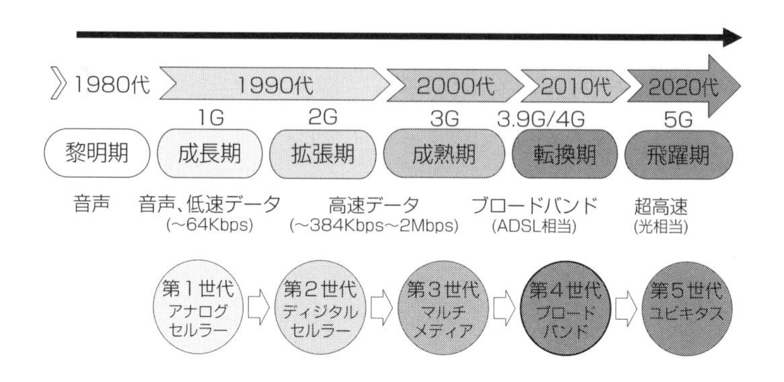

図 4.1　携帯ネットワークの発展歴史

・1987年：NTTによる携帯電話サービス（出力1W）が登場する。
・1988年：IDOが東京23区でスタートし、NTT独占が崩れる。
・1989年：関西セルラーが第1世代方式であるTACS（Total Access Communication System）方式で携帯電話サービスを開始する。
・1992年：IDOが東京23区でTACS方式でサービスを開始する。
・1992年：NTTが移動体部門を分離し、NTTドコモが設立される。
・1993年：携帯・自動車電話が100万加入を突破する。

〈拡張期：第2世代〉

・1994年：携帯電話端末の売り切り制がスタートする。
・1997年：携帯・自動車電話が1000万加入を突破する。
・1998年：DDIセルラーが第2.5世代方式であるcdmaOneを導入する。
・1999年：インターネット接続サービス（iモード、EZweb）が開始される。
・2000年：KDD・DDI・IDOの合併によりKDDIが発足する。
〈成熟期・転換期：第3世代・第4世代〉
・2001年（10月）：NTTドコモが第3世代移動通信であるIMT-2000（International Mobile Telecommunication-2000）サービスをW-CDMA（UMTS）方式で開始する（サービス名：FOMA）。
・2002年（4月）：KDDIがIMT-2000サービスを1x/CDMA2000方式で開始する．
・2006年（3月）：ソフトバンクがボーダフォン日本を買収する。
・2006年（11月）：ナンバーポータビリティ MNP（Mobile Number Portability）が開始される。
・2010年：LTEのサービスが開始する。
・2014年：VoLTE（Voice over LTE）のサービスが開始する。
・2015年：本格的な4G（LTE-Advanced）のサービスが開始する。
〈飛躍期：第5世代〉
・2020年：東京オリンピックに合わせて、5Gのサービスが開始する。

4.2　携帯ネットワークの基本

図4.2に携帯ネットワークの基本構成を示す。図に示すように、携帯ネットワークは、ユーザの携帯端末と無線技術で通信する無線アクセスネットワークとコアネットワークで構成されている。無線アクセスネットワークは多数の基地局と基地局制御装置で構成されており、コアネットワークは、携帯電話サービスなどの様々なリアルタイムサービスを制御する回線交換ドメインと、メール、Webアクセスを制御するパケット交換ドメインで構成されている。したがって、携帯ネットワークの基本技術は、無線アクセスネットワークにおける無線通信技術とコアネットワーク

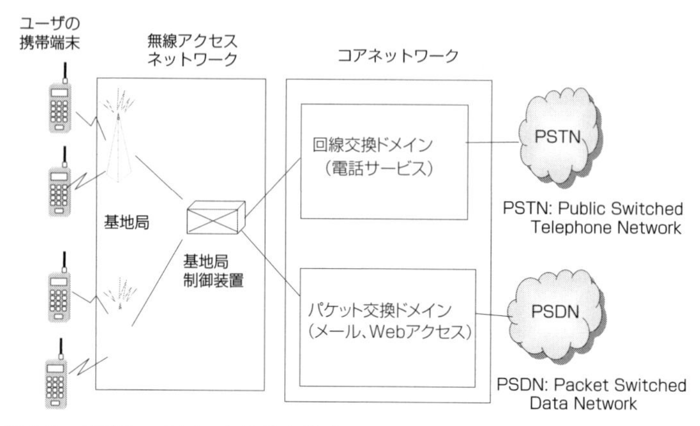

図 4.2　携帯ネットワークの基本構成

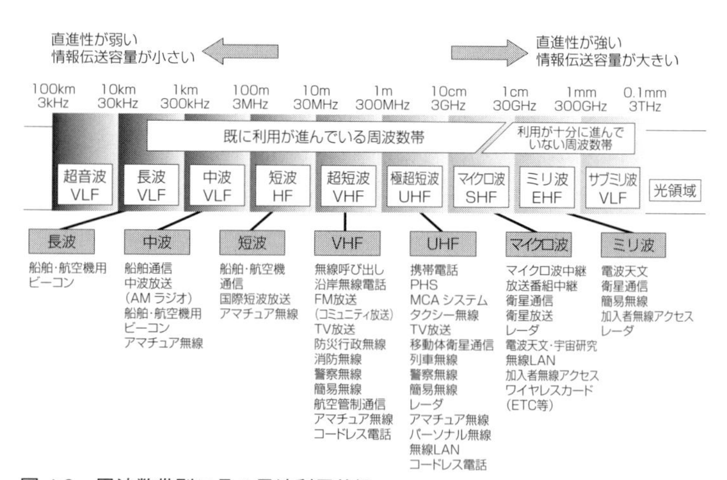

図 4.3　周波数帯別に見る電波利用状況

におけるネットワーク制御技術であり、以下、これらについて説明する。

4.2.1　無線通信技術

無線通信で使用する電波は、その周波数によって大きく性質が異なる。図4.3に、周波数帯別にどのように電波が使われているかを示す。周波数が大きいほど直進性が強く、情報伝送容量が大きくなり、逆に、周波数が小さいほど直進性が弱く、情報伝送容量は小さくなる。

(1) 周波数割り当て

図4.3に示しているように、携帯ネットワークではUHF(300MHz — 3GHz)の周波数帯(日本では、800MHz帯、1.5GHz帯、1.7GHz帯、2GHz帯、2.5GHz帯)が使われている。各周波数帯の中で、NTTドコモ、KDDI等の携帯事業者ごとに周波数帯域の割り当てが行われる。この周波数帯域幅が大きいか小さいかによって提供できる通信路容量(つまり同時通話可能なユーザ数)が決まってしまうため、携帯事業者の間で、周波数割り当てを巡って競争が起こる。

欧米では、オークション方式で周波数割り当てが行われた結果、携帯事業者は周波数帯域幅獲得のために多額の資金を必要とした。日本では、オークション方式によらずに各事業者の状況を考慮した割り当てが総務省により行われている。

(2) セルラー方式

図4.4に様々な基地局の例を示す。基地局と携帯端末が電波で通信する範囲をセル(図4.5)と呼んでいるが、携帯ネットワークは、多数のセルを隙間なく配置して構成するセルラー方式(図4.6)を採用している。図4.6に示すように、セルの大きさは基地

電話局屋上鉄塔に設置

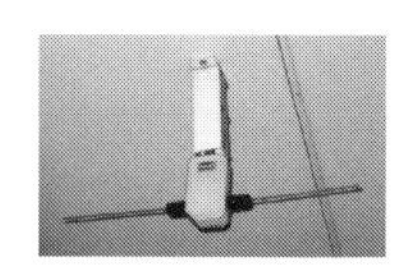

地下鉄構内天井に設置

マンション屋上に設置

図4.4　様々な基地局の例

局の出力と電波の周波数によって決まるが、半径が数10kmのものもあれば数mのものもある。一般的には、セル内のユーザ数が同じようにするので、人口密度が大きい場合はセルサイズを小さくする。

4.2.2　ネットワーク制御技術

(1) 位置登録

移動するユーザ間での通信を可能とするためには、通信したい相手の位置をネットワークが把握しておく必要がある。そのために、図4.7に示すように、常にユーザの位置が最寄りの基地局からネットワークに登録され、管理されている。

図4.8に位置情報を登録する基本的な手順が示されている。まず、ユーザの携帯端末の電源がオンになると、ユーザ情報が最寄

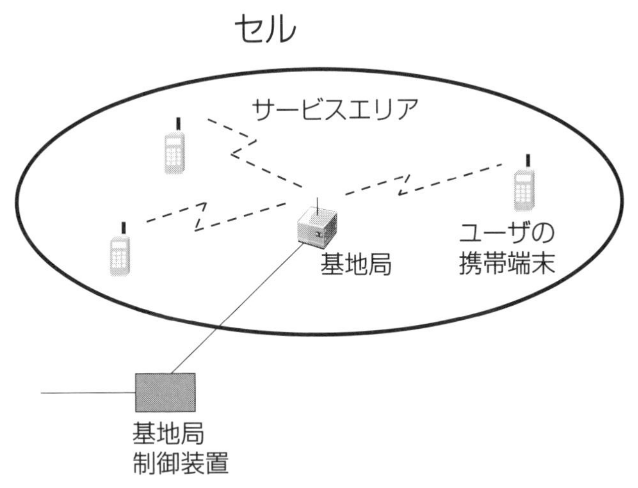

図 4.5　セルの基本

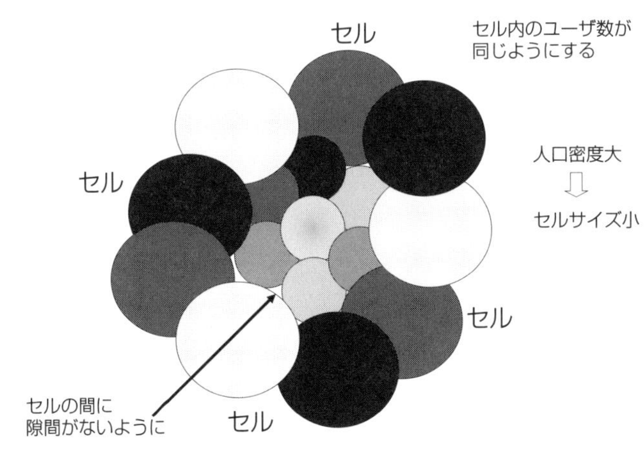

図 4.6　セルラー方式の考え方

・通話したい相手の位置を
　ネットワークが把握

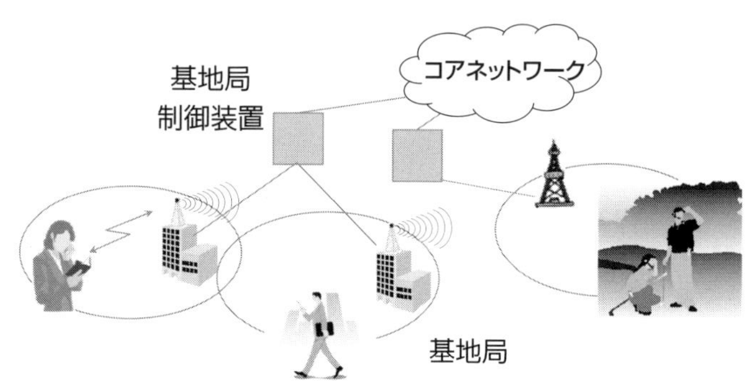

図 4.7　位置情報の管理

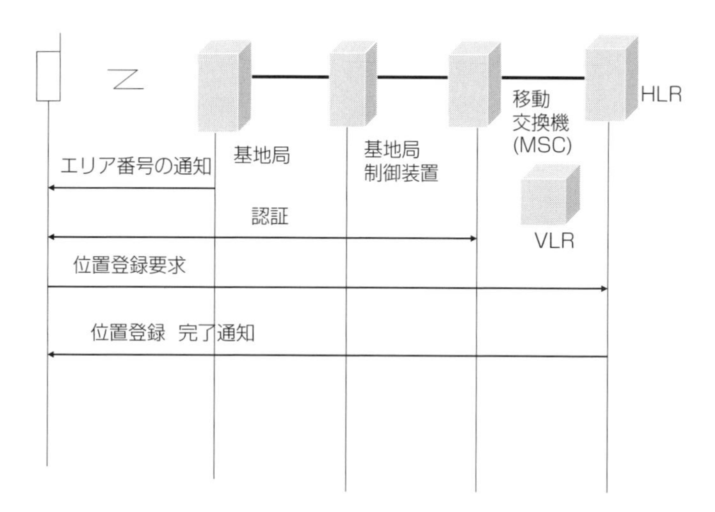

図 4.8　位置登録処理の流れ

りの基地局に送られ、ユーザ端末の位置がネットワークの位置情報管理用データベースであるHLR（Home Location Register）に登録される。このとき、ユーザの位置は通常複数のセルをまとめた単位（エリアと呼ぶ）で登録される。また、ユーザが移動して別なエリアに移ったときも同様な手順で位置登録が行われて、ユーザの位置情報が絶えず更新される。HLRには、位置情報以外にもサービス条件（料金プラン等）、認証情報などを格納している。VLR（Visitor Location Register）は、呼を制御するためにHLRにある情報を一時的に保持するデータベースである。コアネットワークの携帯用回線交換機MSC（Mobile Switching Center）が、ユーザの携帯端末が自分のカバーする範囲に移動してくるとHLRからVLRに必要なデータを取り寄せるようにしている。

(2) 発信/着信時の呼処理

位置登録が完了すると、ユーザの携帯端末を用いた通信が可能になる。図4.9に、ユーザの端末を呼び出す基本的な手順を示している。ポイントは、ユーザ端末が、自分の位置（どの基地局に属するか）をデータベースであるHLRに登録していることである。したがって、ユーザ端末は、通信をしていない待機中でも、時々は位置登録のための送信動作を行う必要がある。

この手順をもう少し、ネットワーク制御の立場で見たものが図4.10である。即ち、図4.10は、携帯端末同士が発信、着信するときの呼処理の基本的な手順を示している。まず、ユーザの携帯端末が発信すると、ユーザ認証がユーザの加入情報を用いて行われる。次に、認証が成功すると呼接続要求がコアネットワークに送られて、着信相手の位置がHLRから検索される。その後、該当するエリア内のすべての基地局から一斉呼び出し（ページング）が行われ、着信ユーザの携帯端末からの応答があるとユーザ間の通話が可能となる。

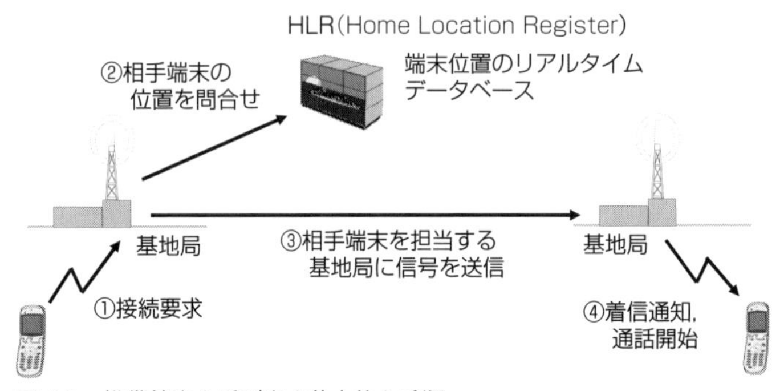

図 4.9　携帯端末を呼び出す基本的な手順

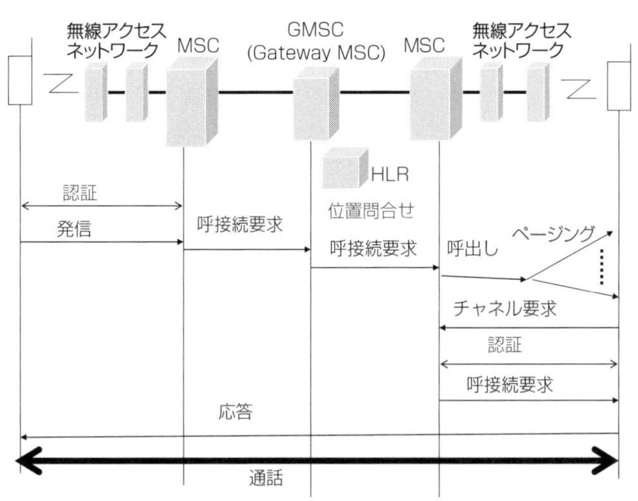

図 4.10　呼処理の基本手順

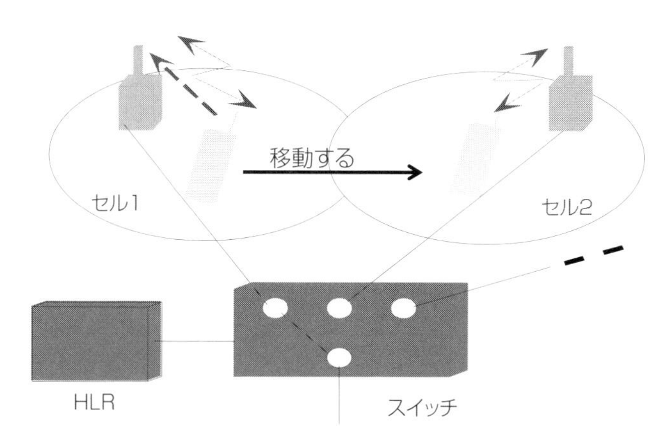

図 4.11　ハンドオーバーの基本的な考え方

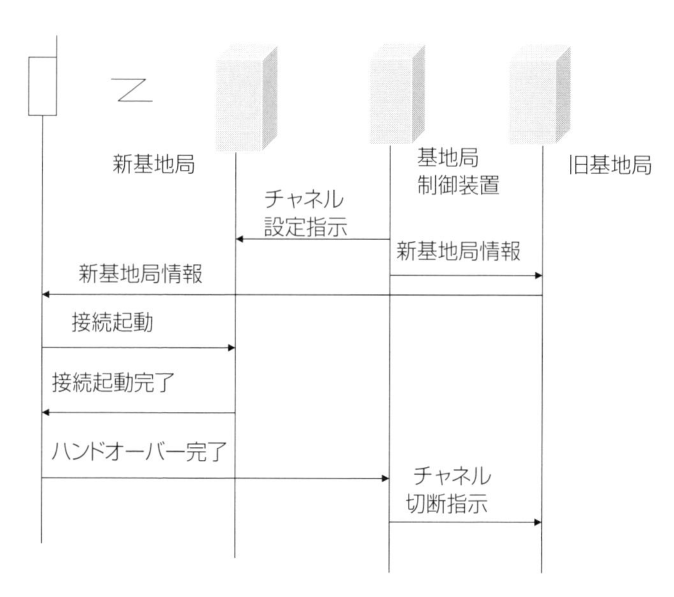

図 4.12　ハンドオーバー処理の手順

(3) ハンドオーバー

通話中に、ユーザ端末が通信している基地局が自動的に切り替わることをハンドオーバーという。通話中にユーザ端末が移動して、セル1からセル2へ移るとセル2の基地局の受ける電波の方が強くなる。このために、スイッチをセル2の基地局へ切り替えて通話が途切れないようにする必要がある（図4.11）。

図4.12にネットワークで行われているハンドオーバー処理の基本的な手順を示す。

4.3　第3世代とそれ以降の携帯ネットワーク

4.3.1　第3世代携帯ネットワーク

(1) IMT-2000

第3世代3G（3rd Generation）携帯ネットワークは、CDMA技術に基づいて様々なマルチメディアサービスを提供できるネットワークとして実現され、2001年から使用されている。それまでの第2世代の携帯ネットワークは国際的に多くの方式に分かれていたので、第3世代はできるだけ国際統一標準方式を目指して、早くからITUなどで検討が行われた。ITUで検討した国際統一規格を、当初はFPLMTS（Future Public Land Mobile Telecommunication System）と呼んでいたが、1997年にIMT-2000（International Mobile Telecommunication-2000）と改名した。IMT-2000の2000は次の意味を持っている。

・2GHz、即ち、2000MHzの周波数帯を使用する
・2000年からサービスを開始する
・静止時に最大2Mbps、即ち2000Kbpsの通信速度を実現する。

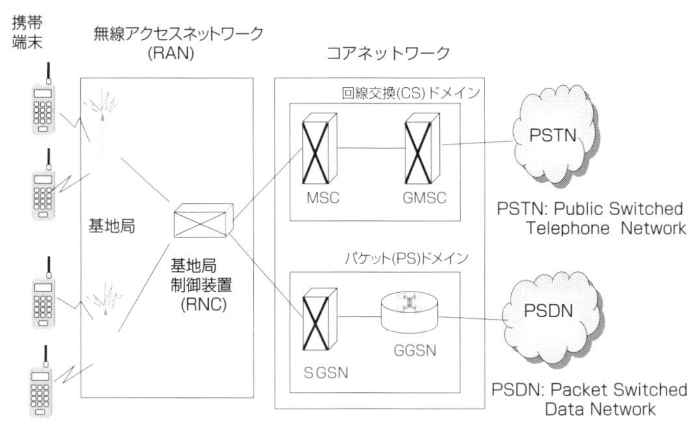

図4.13　リリース99のネットワーク構成

しかし、既存の第2世代携帯ネットワークとのマイグレーションを考えた様々な方式が提案されたため、結果的に国際統一規格を決めることはできなかった。その後、W-CDMA方式とCDMA2000方式の二つの主要方式が併存して使われていたが、W-CDMA方式がより多く使われていた。国内では、NTTドコモとソフトバンクがW-CDMA方式を、KDDIがCDMA2000方式を採用した。

(2) 3GPPの主なリリース

第3世代携帯ネットワークの標準化は3GPP（3rd Generation Partnership Project）と3GPP2（3rd Generation Partnership Project 2）と呼ばれている機関が中心になって進められていた。3GPPはW-CDMA方式の標準化を推進する機関であり、3GPP2はCDMA2000方式の標準化を推進する機関であるが、ここでは3GPPに着目する。3GPPは、ほぼ毎年新しくまとまった標準規格をリリースとして発行しているが、以下、いままでの主要なリ

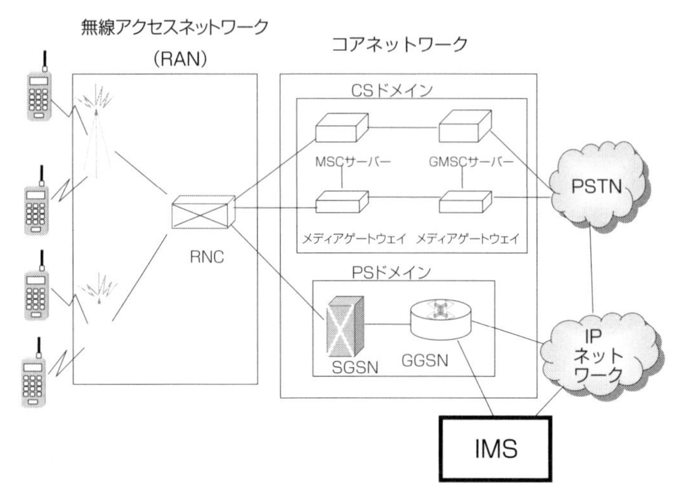

図4.14　リリース5の携帯ネットワーク構成

リースについて述べる。

①リリース99

リリース99は3GPPの最初のリリースであり、2001年にサービスを開始したNTTドコモのFOMA網はこれに基づいて構築された。図4.13に、リリース99のネットワーク構成を示す。図に示すように、携帯ネットワークは無線アクセスネットワークRAN（Radio Access Network）とコアネットワークから構成されている。RANは、全国をカバーする数万の基地局と基地局を制御する基地局制御装置RNC（Radio Network Controller）から構成されている。コアネットワークは回線交換系CS（Circuit Switching）ドメインとパケット交換系PS（Packet Switching）ドメインから構成されており、CSドメインは、携帯用回線交換機であるMSC（Mobile Switching Center）とGMSC（Gateway MSC）から、PSドメインは、携帯用パケット交換機であるSGSN（Serving GPRS Support Node）とGGSN（Gateway GPRS Support Node）から構成されている。

②リリース5

リリース5は2002年に凍結されたが、CSドメインをIP技術で実現するためのシステムとしてIMS（IP Multimedia Subsystem）が導入された。また、ネットワークから端末にデータをより高速に伝送するHSDPA（High Speed Downlink Packet Access）などが規定された。図4.14に、リリース5の携帯ネットワーク構成を示す。

③リリース6

端末からネットワークにデータをより高速に伝送するHSUPA（High Speed Uplink Packet Access）が規定された。リリース5で規定されたHSDPAとHSUPAは合わせてHSPAと呼ばれているが、リリース99よりもデータ伝送速度が大幅に向上しているので、3.5世代と言われている。

また、無線LANで携帯ネットワークに接続することができるためのインターワーキング機能もここで規定された。

④リリース7、リリース8、リリース9

リリース7、リリース8、リリース9で標準化対象になった最も重要な項目は、LTE（Long Term Evolution）とそのコアネットワークであるSAE（System Architecture Evolution）である。LTEは、第3世代の周波数帯に第4世代に近い新しい技術（例：OFDMA）を適用して、より高速なデータ通信を実現するシステムであり、3.9世代と呼んでいる。

3.9世代は、FTTHなみの高速通信が実現されるとともに、IMT-2000が目指した国際統一方式が終に実現されると思われる

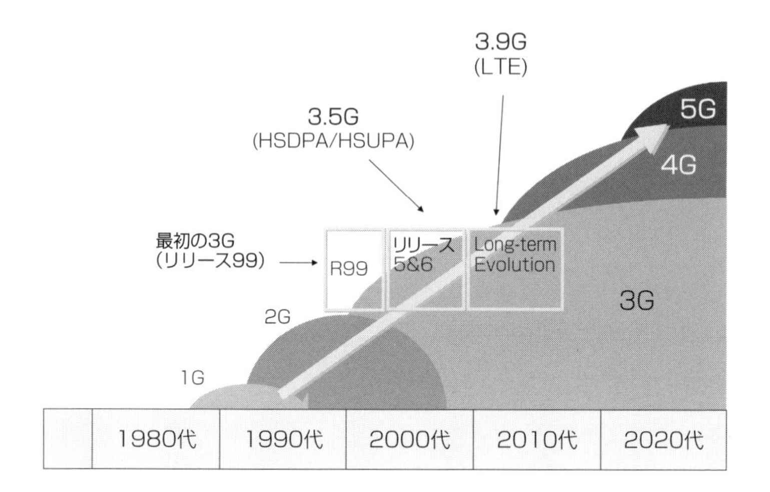

図 4.15　LTE とそれ以降の進展

ので、携帯ネットワークの大きな節目となった。従来CDMA2000方式を採用していた3GPP2陣営に所属している携帯事業者（KDDI、米ベライゾン・ワイヤレスなど）も3GPPのLTEの採用を決めたため、LTEが3.9世代の国際統一方式となった。

しかし、ビジネスを効果的に展開する理由で、3GPP2陣営に所属していた携帯事業者はLTEを第4世代と言っているため、一部混乱する事態となった。そのために、LTEに関しては、世代をあまり厳密に言わないで、単にLTEという場合が多い。

4.3.2　第4世代携帯ネットワーク

第4世代4G（4th Generation）携帯ネットワークは、LTEと同様にOFDMA技術に基づいて、より高速化を実現したネットワークであり、LTE-Advanced ネットワークといわれている。2015年からサービスを開始しているが、前述したように、一部の携帯事業者がLTEを4Gといっているので、本格的な4Gネットワークといわれることもある。

通信速度は下り（即ち、基地局から携帯端末に）最大1Gbps以上、上り（即ち、携帯端末から基地局に）500Mbps以上の高速データサービスを提供している。3GPPは、関連するリリースとして、リリース10（2011年）、11（2013年）、12（2015年）、13（2016年）を発行している。LTEと互換性を持っており、高速通信サービスを実現する主な無線技術は次の通りである。

・キャリアアグリゲーション技術：複数の周波数帯域（連続あるいは不連続な）を束ねて大きな周波数帯域として使用し、通信速度を高速化する。
・MIMO（Multiple Input Multiple Output）技術：基地局と携帯端末とも複数のアンテナを同時に使用して、送受信速度を高速化する。

4.3.3　第5世代携帯ネットワーク

第5世代5G（5th Generation）携帯ネットワークは、東京オリンピックが開催される2020年にサービスを予定している新しい携帯ネットワークである。3GPPは、2019年末までに複数のリリース（リリース14、リリース15、リリース16等）において、段階的な5Gに関する標準化仕様策定を予定している。3GPPがまとめた、5Gの主な特長は次の通りである。

(1) 超高速・大容量化（eMBB：enhanced Mobile Broadband）

携帯端末での動画像視聴の普及、AR/VR（Augmented Reality/Virtual Reality）の普及、4K/8K映像の導入に伴って、10Gbps以上の高速通信と、4Gと比較して1000倍の大容量化（単位面積あたりのシステム容量）を目標としている。

(2) 超多数端末接続(mMTC : massive Machine Type Communication)

極めて多くの端末（100万台/km^2）の接続を想定している。

(3) 超高信頼・低遅延通信（URLLC : Ultra-Reliable and Low Latency Communications）

遠隔医療などを想定して、1ミリ秒以下の遅延を目指している。

第5章

ネットワークのセキュリティ

5.1 セキュリティの必要性

5.1.1 セキュリティの傾向

いままで述べたように、目覚ましいネットワーク技術の進歩によって多様なコミュニケーションが可能となり、便利な社会になってきている。しかし、それに比例して、様々な新しいセキュリティ上の問題が発生し、セキュリティ対策が重要になってきている。特に、インターネットが社会に普及するにつれて、ネットワークを利用して攻撃するケースが増えてきているが、従来、主に大企業や官公庁などがその対象として狙われた。その理由は、重要な情報があると思われる、大きな損害を与えることができる、あるいはそこのセキュリティ対策を破るのが楽しい、等であった。しかし、近年の傾向としては、企業も個人も関係なく、ネットワークに接続すれば誰でも攻撃されるようになってきている。したがって、自分でしっかりセキュリティを考え、防衛策を講じないと被害に遭うようになり、セキュリティに対する学習と認識がより重要になってきている。

5.1.2 被害例

主な被害例としては、次のようなことがある。

・盗聴、不正侵入、クレジットカード番号の盗用
・情報の改ざん、破壊、消去
・情報の盗みだし、公開、悪用
・なりすまし、他人のコンピュータを踏み台にして他のシステムに侵入
・SPAMメール（営利宣伝用に勝手に送られる大量の迷惑メール）

以下、これらについて説明する。

(1) 盗聴による被害

メール、あるいはWebアクセス時に送信する情報内容などを盗聴される場合があるが、盗聴されても基本的には証拠が残らないので、本人は気がつかないことが多い。どうもおかしい、なぜ関係しない他の人がそのことを知っているのだろうか、等から自分のメールや通信内容が読まれているのではないかと考えるのである。しかし、盗聴によって、パスワードやクレジットカード番号等を盗まれると深刻な事態になる。盗んだパスワードでコンピュータに不正侵入し、情報を改ざんする、あるいは盗みだすなどの様々な悪用が可能となってしまう。またクレジットカードの場合は、そのまま現金が盗まれてしまう危険がある。

(2) ダウンロードによる被害

ネットワークから安易に出所不明なファイルやプログラムをダウンロードするとマルウェア（malware）に感染することが多い。マルウェアに感染すると、ディスク内のデータが破壊される、コンピュータにあるファイルを盗まれる、あるいは外部の第三者が自分のコンピュータを勝手に操作し、自分が知らない内に他のコンピュータを攻撃する踏み台とさせられる、等の被害に遭う場合がある。

(3) 詐欺による被害

ネットワークで購入した商品が届かない等の詐欺による被害も多い。売主に連絡が取れない、売主の連絡先がわからない、売主が倒産している、オークションサイトが責任を取ってくれない、等がある。あるいは、「試用」は無料と言われたのに課金された、キャンセルする方法がわからない、等の被害に遭う場合もある。

(4) なりすましによる被害

第三者の誰かが自分になりすまして掲示板に悪口を書くことによって、身に覚えのないクレームのメールが届く、あるいは、SPAMメールを自分のアドレスで勝手に送られてしまって、メールの発信人として、大量のエラーメールが届くなどの被害に遭う。また誰かが自分の名前をかたって勝手に注文することによって、身に覚えのない商品が届く場合もある。さらに、電話番号やメールアドレスなどの個人情報が流出することによって、おかしな電話がかかってくる、メールが届く場合がある。

5.1.3　犯罪者（クラッカー）

前述した様々な被害を起こす犯罪者（クラッカーと言う）としては、プロ、アマ、あるいは社内の人間などがある。プロの犯罪者としては、企業の極秘情報の入手を目的とした産業スパイ、あるいは国の軍事情報や先端技術情報の入手を目的とした国際スパイなどがある。アマの犯罪者としては、単に自分の技術力を誇示したい、友人・知人などの他人につられてついやってしまう、あるいは楽しみの一つとして軽い気持ちでやる場合がある。社内の人間が犯罪者となる場合としては、会社に不満を持っている、金銭に困っている場合などがある。あるいは、派遣社員やアルバイトの人が加害者となる場合もある。

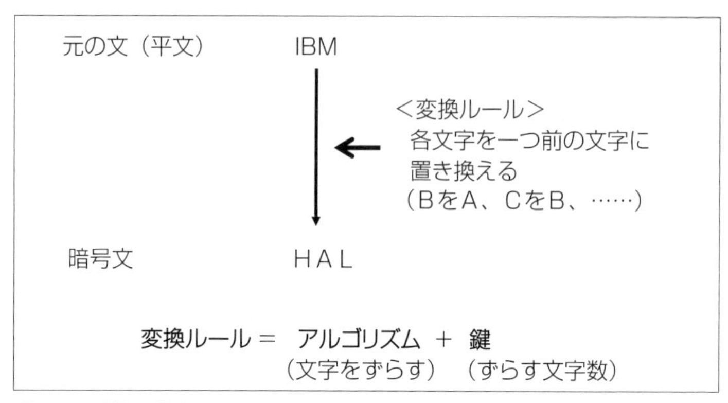

図 5.1　暗号の基本

5.2　セキュリティ対策

以上のようなセキュリティ上の問題に対して様々な対策が実施されているが、その中の主なものとして、暗号技術の利用、ネットワーク上の対策、マルウェア対策について説明する。

5.2.1　暗号技術の利用

盗聴、改ざんなどの対策として、暗号技術が利用されているが、暗号技術としては、共通鍵暗号方式、公開鍵暗号方式、ディジタル署名がある。

(1) 共通鍵暗号方式

図5.1に、暗号の基本的な考え方を示す。情報を送信する側が、送信する元の文（平文と言う）を変換ルールによって暗号文にするが、変換ルールには、処理手順であるアルゴリズムと鍵がある。例えば、アルゴリズムとして平文のアルファベットを何文字かずらす処理とし、ずらす文字数を鍵とする。鍵を「－1」、即ち、

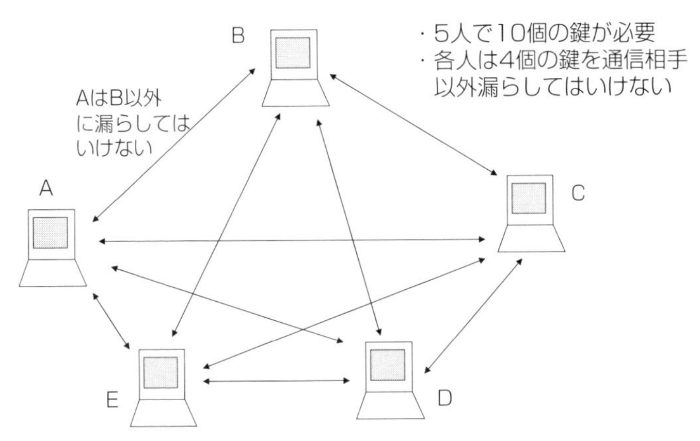

図 5.2　共通鍵の管理

一つ前の文字にずらすとすると、「IBM」は「HAL」となる。なお、この文字をずらすやり方は、『ガリア戦記』で有名なローマのジュリアス・シーザ（ラテン語ではユリウス・カエサル）が使用した最も古い暗号として、シーザ暗号と言われている。

共通鍵暗号方式は、送信側が平文を暗号文に変換するときに使用する鍵と、受信側が暗号文を平文に復号するときに使用する鍵が共通な方式である。アルゴリズムは公開するので、この方式では鍵を他人に知られないようにする必要がある。そのために、秘密鍵方式とも呼ばれる。規格例として、米国で1970年代に開発されたDES（Data Encryption Standard）がある。鍵の長さが56ビットであり、米国の共通鍵暗号方式の標準規格として採用されていたが、コンピュータの性能向上等によって安全性が問題となった。そこで、現在は128ビット以上の鍵を使用するAES（Advanced Encryption Standard）が、新しい米国の標準規格として使用されている。また、他の規格例として、三菱電機で開発され、第3世代携帯電話で使用されているKASUMIがある。

共通鍵暗号方式には、鍵の管理と配布に関する問題がある。まず、鍵の管理に関しては、通信する2名に一つの共通鍵が必要であるので、通信相手が増えると管理すべき鍵が多くなる問題である。図5.2に示すように、5人が通信する場合、全体で10個の鍵を管理し、各人は4個の鍵を通信相手以外にはわからないように管理する必要がある。N人が参加する通信の場合は、全体で管理する鍵の数はN（$N-1$）/2個となり、個人が管理する鍵は（$N-1$）となるので、100人が参加する場合、全体が管理する鍵は4950個、個人が管理する鍵は99個となる。

鍵の配布に関する問題は、盗聴される危険があるので、通信する前に、ネットワークで通信相手に鍵を安全に送ることができない問題である。このような共通鍵の問題を解決するために、次の公開鍵暗号方式が提案され、開発された。

(2) 公開鍵暗号方式

公開鍵暗号方式は、暗号化と復号化に別の鍵を使用する方式である。送信側が平文を暗号化するときは誰でも知っている鍵（公開鍵と言う）を使用し、受信側が暗号文を平文に復号するときは本人しか知らない鍵（秘密鍵、プライベートキーと言う）を使用する。したがって、図5.3に示すように、1人に必要な鍵は2個であり、N人では$2N$個のみであるので、不特定多数が参加する電子商取引などに向いている。

規格例として、1977年にMITの3人が開発したRSAがある。これは、3人の開発者（Ronald Rivest, Adi Shamir, Leonard Adleman）の頭文字を取って名付けたものであるが、原理的には解読可能であるものの非常に計算時間がかかる「計算複雑性理論」に基づいている。第3者が暗号文を盗聴した場合、もし公開鍵から秘密鍵を求めることができれば暗号文を解読することができるが、公開鍵から秘密鍵を求めることは、RSAアルゴリズムでは桁数の大

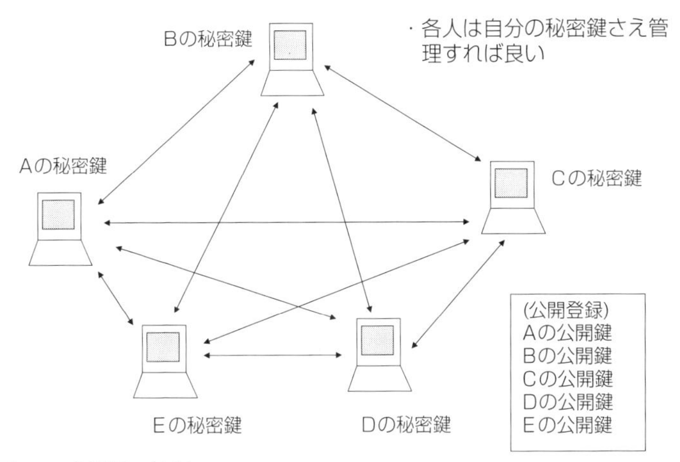

図5.3　公開鍵の管理

きい因数分解を行うことになる。因数分解は、計算複雑性理論におけるNP（Non-deterministic Polynomial）問題であり、NP問題は原理的には解読可能であるが、非常に時間がかかる問題であることが数学的に証明されている。なお、NP問題のNは非決定性（Non-deterministic）を意味し、様々な場合を同時に計算できることを表している。現在のコンピュータはすべて決定性マシンであるが、もし非決定性コンピュータが実現されるとNP問題はあまり時間がかからない問題となってしまうので、RSAに基づいた公開鍵暗号方式は使用できなくなる。現代物理学の代表的な理論である量子力学の基本原理（即ち、不確定性原理）を応用するコンピュータを「量子コンピュータ」と言っているが、量子コンピュータは非決定性を実現するコンピュータとして期待されている。したがって、もし量子コンピュータが実現されると、現在広く使われている公開鍵暗号方式に代わる新しい暗号方式をもう一度開発し直す必要があるのである。

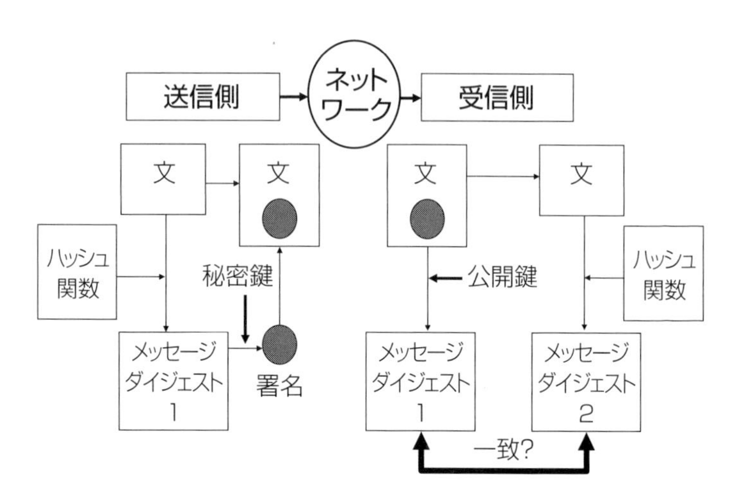

図5.4　ディジタル署名

このように優れた特長がある公開鍵暗号方式であるが、コンピュータの性能向上とともに鍵のサイズが徐々に大きくなっている。2030年までは2048ビット以上、2030年以降は3072ビット以上が推奨されているので、共通鍵暗号方式に比べて、暗号化、復号化に処理時間がかかる。そこで、公開鍵暗号方式と共通鍵暗号方式を組み合わせて使うハイブリッド暗号方式（セション鍵方式とも言う）が実際には良く使われている。まず、通信の最初に公開鍵暗号方式で共通鍵を受信者に送信すると受信者は秘密鍵で共通鍵を復号する。その後の送信データはこうして共有した共通鍵で暗号化し通信を行う方式である。

(3) ディジタル署名

公開鍵暗号方式を応用することによって、ネットワークで送られて来た情報に関して間違いがないかを証明する、ディジタル署名を実現することができる。ディジタル署名が必要な理由は、次の通りである。

・否認防止：送信者が送信事実を否定することを防止する
・なりすまし防止：違う名前で情報を送信することを防止する
・改ざん防止：送信情報の内容を不正に書き換えることを防止する

図5.4に、ディジタル署名のメカニズムを示すが、公開鍵で暗号化して暗号文を送信する場合とは逆な手順である。

送信側は、まず、ハッシュ関数を利用して送信する文から短い要約データ1（メッセージダイジェスト1）を生成する。次に、得られたメッセージダイジェスト1を自分の秘密鍵で暗号化する。この結果がディジタル署名となるので、元の文に追加して送信する。受信側は、文の中のディジタル署名を公開鍵で復号し、メッセージダイジェスト1を求める。さらに、ハッシュ関数を利用して受信した文からメッセージダイジェスト2を生成し、メッセージダイジェスト1と比較する。一致すれば、改ざん等がない事が確認出来る。

ここで重要な技術はハッシュ関数であるので、以下、ハッシュ関数について説明する。ハッシュ関数の特長は、次の通りである。

①改ざんの検出が可能：小さな入力の変更が関数の出力値であるメッセージダイジェストを大きく変えるので、改ざんを検出できる
②一方向性がある：メッセージダイジェストを計算するのは比較的簡単であるが、メッセージダイジェストから元の情報を求めるのは難しい
③衝突困難性がある：異なる入力から同じメッセージダイジェ

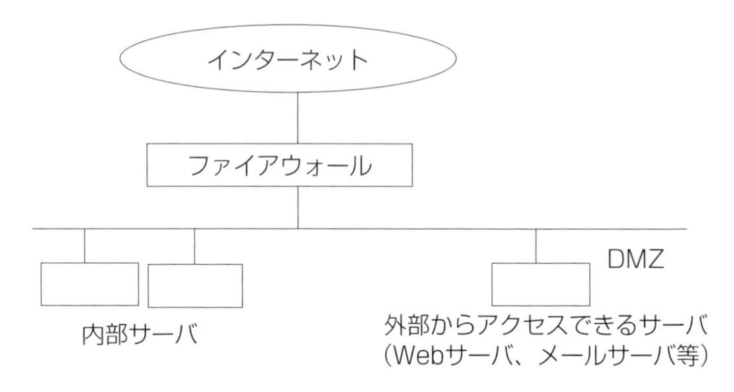

図5.5　サイトの保全

ストとなること（衝突と言う）が、極めて少ない

このような特長を持つハッシュ関数として、MD5（Message Digest Algorithm 5）、SHA-2（Secure Hash Algorithm 2）等がある。ただし、MD5は理論的な弱点が存在することが明らかになったので、現在はほとんど使用されていない。

5.2.2　ネットワーク上の対策

ネットワーク上の対策は、特に、個人のPCをインターネットに接続する場合や、大学のキャンパスネットワークや企業の社内ネットワーク等の内部ネットワークを外部のインターネットに接続する場合に必要である。図5.5に内部ネットワークを外部のインターネットに接続する場合の一般的な形態を示す。図の中のファイアウォール（Fire Wall）は火事の延焼を防ぐ防火壁の意味であるが、外部からの不正アクセスから内部ネットワークを守るものである。また、DMZ（De Militarized Zone）は、敵対する軍隊の間に設ける非武装地帯の意味であるが、外部からアクセスで

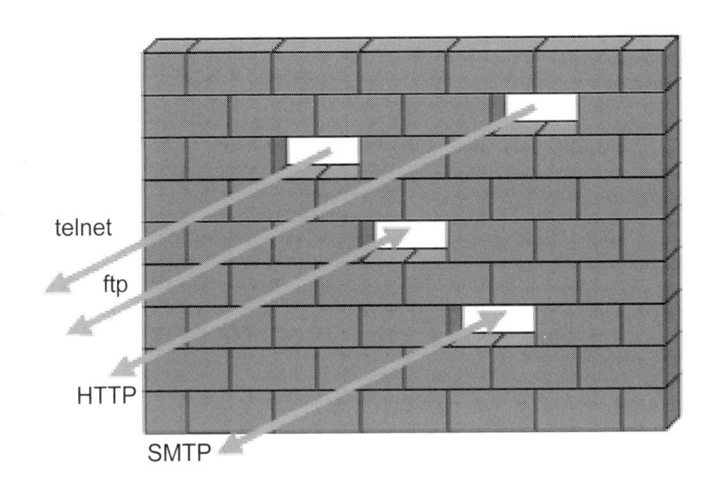

図5.6　特定の通信のみを通す

きる公開しているサーバ（Webサーバ等）を配置する領域である。内部のサーバとは隔離することができるので、内部ネットワークとは異なるセキュリティ管理を行うことが可能となる。

(1)　ファイアウォール

ファイアウォールを実現する方式としては、パケットフィルタリングとアプリケーションゲートウェイがある。パケットフィルタリングは、図5.6に示すように、パケットの中のIPアドレスとポート番号をチェックし、管理者が定義したアクセスルールによって許可された特定の通信のみを通過させる方式である。パケットの一部の情報だけで判断しているので処理は高速であるが、詳しいセキュリティ条件の設定はできない。

アプリケーションゲートウェイは、パケットを中継するプロキシ（Proxy）サーバを設置し、ユーザの代理人としてネットワークにアクセスする方式である。Webアクセス、メールなどインターネットとアクセスするサービスごとのプロキシを用意し、パケットの情報をより詳しくチェックする。例えば、Webアクセスの場合のWebプロキシは、内部のユーザがWebアクセス要求を行うと、代わりにインターネット上のWebサーバにアクセスを行い、受信したWebサーバからのデータをユーザに中継する。このとき、受信したデータの中身をチェックすることができるので、詳しいセキュリティ条件を設定することができる。また、内部のユーザは外部と直接通信をしないので、外部のネットワークから隠ぺいされ、様々な外部からの侵入攻撃から防御することができる。

(2) 侵入検知・防御システム

主にDMZに置いた公開サーバへの侵入に対する対策システムとして、侵入検知システムIDS（Intrusion Detection System）と侵入防御システムIPS（Intrusion Protection System）がある。

IDSは、ファイアウォールが入口で通過を許可したネットワークを流れるパケットやコンピュータ内部の挙動を監視して、不正な動きを検知するシステムである。検知方式は、パターン・マッチングによって通信パケット内に不正なビット列などが入っていないかを調べる方式である。この方式では、不正なものをあらかじめルールとしてデータベースに登録しておいている。このルールを「シグネチャ」と呼ぶが、許されないパターンを個別に定義していくので、常に、シグネチャを更新していく必要がある。しかし、シグネチャを定義できない未知の攻撃が行われる場合もあるので、別の対応が必要となる。そのために、通信パケットの送信量の統計値を取り、傾向を分析する事で異常を判断する方式がある。これを「アノマリ（異常）」方式のIDSという。

IPSは、ネットワークの途中に配置され、ネットワークへの不正な侵入を検知すると、その通信を防止する。即ち、ネットワーク上でやりとりされるパケットをチェックし、侵入を検知した場合は通信の遮断などの防御措置をリアルタイムに実行する。通信を遮断する手段としては、セッションの切断、初期化、あるいはパケットそのものを廃棄して相手に届かないようにする方法等がある。

5.2.3　マルウェア対策

マルウェアは、システムやデータに障害をもたらすことを目的に作られた悪質なプログラムの総称である。以下、主なマルウェアの種類と対策について説明する。

(1) マルウェアの種類

①コンピュータウィルス

次の機能を一つ以上もつものを、コンピュータウィルスであると定義されている。

- 自己伝染機能：自分自身を他のシステムにコピーする
- 潜伏機能：指定された値（時間、実行回数など）になると実行する
- 発病機能：不正な処理を実行する

現在までに多くのウィルスが作られ様々な被害を与えているが、その主な種類は次の通りである。

- ファイル感染型ウィルス：実行形式プログラムに感染し、プログラムが実行されるとウィルスが実行される
- マクロウィルス：表計算ソフトなどのデータファイルに感染し、データファイルを開いたとき、ソフトのマクロ機能

で実行される

②ワーム

ネットワーク経由で自分自身をコピーさせながら増殖する。感染先となるファイルを必要としないで単体で実行される。メール等に自分自身のコピーを埋め込み、ばら撒くので感染力が強い。マイクロソフトのOSであるWindowsのバッファオーバーフローを利用した、MS Blaster等が有名である。

③トロイの木馬

正規のプログラムに埋め込まれて、データ破壊などを行うものをトロイの木馬という。

トロイの木馬とは、ギリシア神話に出て来るトロイ戦争の話に由来した名前である。ギリシア軍が故意に残して行った木馬を、贈り物と思い城内に持ち込んでしまい、その中に潜んでいたギリシアの兵士によってトロイが滅んでしまった話に由来するものである。インターネットにおいては、コンピュータを攻撃するクラッカが何らかの手段でコンピュータのなかにしかけ、ユーザが予測しない処理を行い、被害をもたらすプログラムを指す。自己伝染機能はないが、ファイアウォールを無効にする「受動的攻撃」に利用されている。受動的攻撃とは、攻撃対象となるコンピュータに返信が必要な情報を発信させ、その返信として不正な情報を送信する攻撃方法である。

④ボット

ボット（bot）とは、特定の個人、企業、組織を狙って送り込まれ、外部からの指示で様々な動作をするプログラムである。語源は、ロボット（robot）である。ボットに感染したPCを「ゾンビ

PC」と呼び、何万台、何十万台の多数の「ゾンビPC」が作る仮想的なネットワークをボットネット（botnet）と呼ぶ。ボットネットは、攻撃命令を受信するとその命令に応じて、SPAMメールの送信、マルウェアの拡散、他のサーバを攻撃する踏み台として悪用される傾向がある。

(2) マルウェア対策

最も有効なマルウェア対策は、マルウェア対策ソフト（ワクチンソフト、アンチウィルスソフトともいう）を導入する事である。マルウェア対策ソフトは、マルウェアのプログラム内の特徴的な部分をパターンとして定義した、パターンファイルを利用してマルウェアを検出し、無効にするものである。従って、既に発見されその構造が解析されたマルウェアにしか通用しないので、新種で構造が未知なマルウェアには無力である。マルウェア対策ソフトを開発している会社は、新しいマルウェアが現れるとそれに対応するパターンファイルを作成して配布しているので、常に最新のバージョンに更新する事が重要である。

この様にマルウェア対策ソフトも限界があるので、マルウェアによる被害を避けるには、セキュリティに関する意識を高めるとともに、次の様な予防策を日常的に行う必要がある。

- 出所不明なファイルは実行しない
- 外部ネットワークから安易にプログラムをダウンロードしない
- 怪しい電子メールに添付しているファイルは安易に開かない
- データを定期的にバックアップする

第6章

NGN

6.1　NGNの概要

6.1.1　NGNのねらい

NGNは、Next Generation Networkの略であり、インターネットと既存の電話ネットワークのお互いの特徴を融合し、ユーザに幅広いマルチメディアサービスを提供することを目的として、構築・普及が進んでいる新しいネットワークである。表6.1に、NGNの標準化を行っているITU-TがまとめたNGNの基本的な考え方を示す。技術面の特徴は、主にサービスを提供する側の視点、サービス面の特徴は、主にサービスを利用するユーザ側の視点によるものである。

技術面の最も大きな特徴は、情報を転送する機能とサービスを制御する機能を明確に分離しているところである。こうすることによって、それぞれお互いが相手に与える影響を最小にし、サービスならびにネットワークの開発・構築を容易にするとともに、今後の持続的な発展性を志向している。

一方、サービス上の最も大きな特徴は、ユーザが自由にサービスプロバイダを選択してネットワークにアクセスし、様々な移動体環境（例：携帯端末、無線LAN）で移動しながらユビキタスサービスを受けることも可能にするところである。こうすることによって、多様なサービスをより自由な環境で受けられることを志

表6.1　NGNの基本的な考え方

技術面の特徴	サービス面の特徴
・パケットベースの情報転送 ・情報転送機能とサービス制御機能の分離とオープンなインタフェースの提供 ・既存ネットワークとオープンインタフェースによる接続 ・多様なネットワークアクセス技術のサポート	・幅広いサービスやアプリケーションを提供 ・サービス品質が保証されたブロードバンドサービスを提供 ・様々なサービスプロバイダへの自由なアクセスが可能 ・固定サービスと携帯サービスの融合（シームレス通信の提供） ・多様な個人や端末識別の実現 ・広範な移動体サービスの提供 ・どのユーザにも同じように体感されるサービス特性を提供 ・警察などへの緊急通話、セキュリティ、プライバシー、合法的傍受といった法律上の要求への対応

向している。

6.1.2　NGNの背景

NGNの背景としては、インターネットの発展とその限界が認識されるようになったことが大きい。Webアプリケーションやメールサービスを中心に発展してきたインターネットは、セキュリティやサービス品質が必ずしも保証されていない。また、警察や消防などへの緊急電話やネットワークが輻輳したとき（即ち、混雑したとき）の対応が十分ではないことから、既存の電話ネットワークを完全に置き換えることは難しい。

一方、既存の電話ネットワークを運用する電話会社の立場では、インターネットの広範な普及やそれに伴うIP電話の増大によって、既存の固定電話の収入が低下し続けている危機感がある。これまで電話会社が構築・運用してきた電話ネットワークは、過去、1970年代のプログラム制御交換機の導入や1980 ― 90年代のディ

表6.2　電話ネットワークとインターネットの比較

	電話ネットワーク	インターネット
トラヒックタイプ	音声が中心で一部データ	Webアクセス、メール等のデータが中心
情報転送特性	狭帯域が中心でリアルタイム性を重視	サービスによって要求帯域やリアルタイム性も様々
サービス提供形態	電話会社が一括して提供するのが中心	・ネットワーク提供業者とサービス提供業者が独立に提供 ・サービスはユーザ間、またはユーザとサービスを提供するサーバ間で実現
サービス品質	品質を保証	ベストエフォート
課金	通信時間に基づく	定額制が中心
セキュリティ	電話会社が保証	暗号化技術などによってユーザ責任で確保
経路選択	番号計画に基づく	パケット毎に経路を動的に選択
警察・消防への緊急通話	対象	対象外
通信方式	コネクション型の回線交換が中心	コネクションを設定しないパケット交換

ジタル化等、何回かの大きな変革期があり、転送能力の大容量化、サービスの多様化を目的とした更新が行われてきた。しかし、専用のハードウェアとソフトウェアを使用し、ハードウェア故障やソフトウェア更新時にもサービスを継続可能とする等、きわめて高度の信頼性（例：20年間のシステムダウン時間を1時間未満とする）を保証する電話ネットワークは、汎用のハードウェアとソフトウェアを多く使用するインターネットに比べて割高であり、コスト競争力に劣っている。

いままでそれぞれ独自の発展をしてきたインターネットと電話ネットワークは、表6.2に示すような特徴がある。

ネットワークが扱うトラヒックタイプ（即ち、情報の種類）は、電話ネットワークは音声通話が中心だが、一部FAX等のサービスではデータを伝送している。一方、インターネットでは、これまで、Webアクセスやメール等のデータ転送が中心であったが、インターネット電話、ストリーミングなどの進展でリアルタイム性のある情報転送も増加している。ネットワークが提供するサービスは、電話ネットワークが着信転送や通信中の他電話の着信など、電話サービスの付加サービスとしての位置づけとして電話会社が提供しているのに対し、インターネットでは、基本的にネットワークは情報転送を超えたサービスに関与せず、サービスはユーザ間または、ユーザとサービスを提供するサーバ間によって実現される。

サービス品質は電話ネットワークが品質を保証するのに対し、インターネットはベストエフォート（即ち、最大限努力はするが保証はしない）で対照的である。これは、回線交換とパケット交換の特性による。回線交換では、通信（即ち、呼）ごとに回線を割り当てるのに対し、パケット交換では、転送する情報に対応してパケットに格納して転送する。回線交換が転送量の多寡に関係なく呼毎に回線を割り当てるのに対し、インターネットでは、発生した情報をパケットに格納して転送するため、ネットワークに余裕があるときは高速で転送されるのに対し、輻輳時は遅延や揺らぎが大きくなる可能性がある。このことは課金方式にも影響し、インターネットは定額制が中心であるのに対し、電話ネットワークでは、呼が使用するリソースの容量に比例するため、通信の距離と時間に依存する。同様に、セキュリティも電話ネットワークでは電話会社が保証するのに対し、インターネットではユーザ間での暗号化技術などによって対応している。経路選択では、自社で管理しているネットワーク構成がわかっている電話ネットワークでは、事前に決められた番号計画に基づき経路を決めてコネク

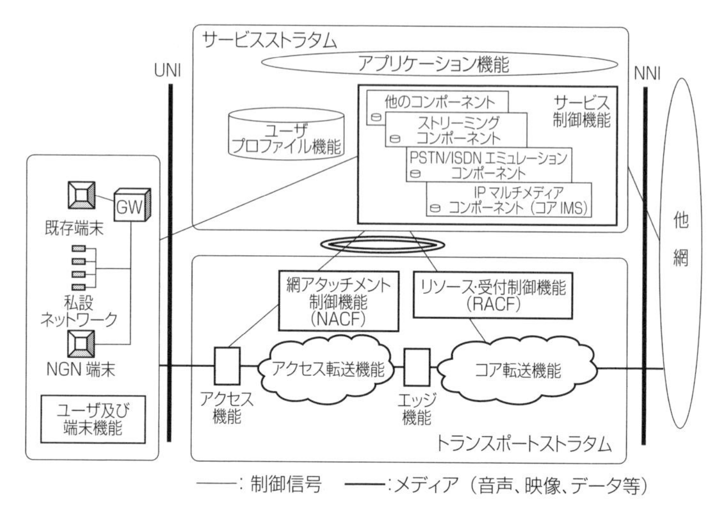

図6.1　NGNの全体構成図

ション（即ち、回線）を設定しているのに対し、インターネットではルーティングプロトコルに基づき、パケットごとに動的に経路を決定する。また、電話ネットワークでは、警察・消防等への緊急電話について、ユーザからの切断後も通信時の回線を保持し、呼び返しを可能とするといった特別の機能を提供しているが、インターネットでは対応していない。

以上のような事情から、電話ネットワーク、インターネット双方の立場から、両者の長所を取り入れた新しいネットワークの出現が望まれるようになったのである。

6.2　NGNの構成

図6.1にNGNの全体構成図を示す。サービスストラタムと呼んでいる階層とトランスポートストラタムと呼んでいる階層から構

成されているが、これは、情報の転送機能とサービスを実現する機能を分離し、双方がお互いを意識することなく、独自に必要な機能を実現することを志向している。以下にそれぞれの階層における主な機能について述べる。

6.2.1　トランスポートストラタム

トランスポートストラタムは、音声、映像、データ等、実際にユーザ相互やユーザとサーバ間でやりとりされるメディアを転送する機能と、転送機能を制御する機能で構成される。転送制御機能はさらに、ネットワークアタッチメント制御機能NACF (Network Attachment Control Functions) とリソース・アドミッション制御機能RACF (Resource and Admission Control Functions) で構成される。NACFはユーザやサーバの認証やIPアドレスの管理、位置情報の管理等を実行し、RACFはユーザやサービスの特性に応じてリソースの割り当てを制御する。インターネットではユーザの新しい通信要求を判断し、場合によっては要求を拒否する機能が基本的にはなく、ほぼすべての通信要求を受け付けるため、ネットワークの輻輳時には全体的にサービス条件が低下する。これに対して、NGNではRACFにより、輻輳時には、新たな通信要求を拒否することができるので、サービス条件の低下を防止できる。

6.2.2　サービスストラタム

サービスストラタムは、サービス制御機能 (Service Control functions)、アプリケーション機能、ならびにユーザのプロファイル (即ち、サービス制御用のユーザ情報) を管理するユーザプロファイル機能で構成される。アプリケーション機能とは、サービス制御機能を使用して様々な高度なアプリケーションサービス (例：遠隔医療) を実現する機能である。Parlay等のオープンインタフェースを提供し、基本的には誰でもアプリケーションサービスを実現し、一般ユーザが利用できるようにしている。

サービス制御機能は、以下に示すようにサービスタイプに対応する複数のコンポーネントで構成され、サービスを制御するためにSIPセッションの設定、開放処理を実行する機能である。

(1) IPマルチメディアコンポーネント（コアIMS）：4章で説明した3GPPで規定したIMSとほぼ同じサービス制御機能である。
(2) PSTN/ISDNエミュレーションコンポーネント：ユーザに既存のPSTN/ISDNと同等なサービスとインタフェースを提供するための制御機能である。
(3) ストリーミングコンポーネント：映像配信サービスなどのストリーミングを制御する機能である。
(4) 他のコンポーネント：その他様々なサービスを制御する機能であり、今後NGNの進展、普及とともに増加することが期待されている。

6.3 IPネットワーク制御技術（IMS）

6.3.1 IMSの全体構成

IMSは4.3.2で述べたように、3GPPのリリース5ではじめて標準化されたシステムである。図6.2は、携帯ネットワークにおけるIMSの位置づけを簡略して示したものである。前述したように、携帯ネットワークは無線アクセスネットワークとコアネットワークから構成されており、コアネットワークはさらに回線交換系CSドメインとパケット交換系PSドメインから構成されている。図6.2に示しているように、IMSはPSドメインと接続し、従来CSドメインで提供されてきた様々なリアルタイムサービスをIP技術で実現するためのシステムである。例えば、IP電話サービ

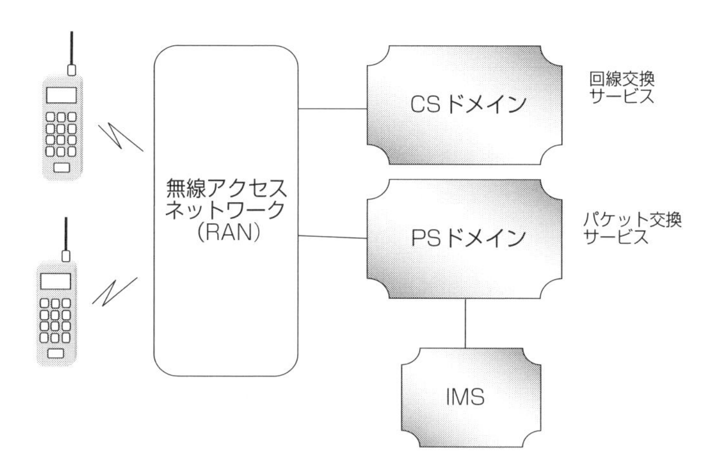

図6.2　IMSとCS/PSドメインの関係

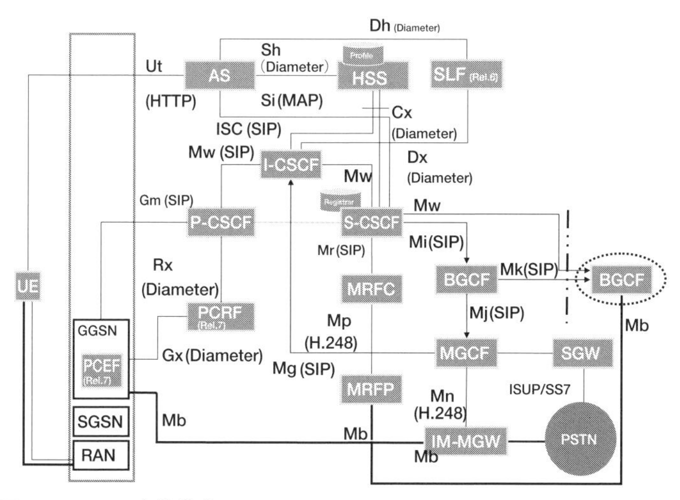

図6.3　IMSの全体構成

スをVoIP技術に基づいてIMSで実現することによって、将来的にはCSドメインをなくすねらいを持ったものである。しかし、その後の様々な議論を通して、この考え方はあまりにも現在の実態とギャップが大きいと認識され、むしろCSドメインをなくす方向よりも共存する方向で進んできている。

図6.3は、IMSの全体構成を示している。図の中の左のUE（User Equipment）は、IMSに対応した携帯端末である。図の中のP-CSCF、HSS等の箱は、あるまとまった機能（即ち、エンティティ）を表しており、箱と箱の間の線は機能間のインタフェース名と実現プロトコルを示している。例えば、P-CSCFとI-CSCFのインタフェース名はMwであり、それを実現するプロトコルはSIPである、ことを示している。即ち、IMSの全体構成は、IMSを実現するのに必要な機能群と、それらの機能間のインタフェースを標準として規定したものである。ただし、話を簡単にするために、ここでは課金に関する機能群は省略している。また、箱の中に（Rel.7）と書いているのは、リリース7で追加された機能であることを示している。さらに、太線（例：GGSNとIM-MGW間、IM-MGWとPSTN間）は、音声、ビデオなどのメディア情報が転送されるインタフェースを、その他の細線（例：GGSNとP-CSCF間、S-CSCFとAS間）は、サービスを制御するための情報が転送される信号インタフェースを表している。

図6.3の中の用語は次の通りである。

HSS: Home Subscriber Server／SLF: Subscription Locator Function／PCRF: Policy and Charging Rules Function／PCEF: Policy and Charging Enforcement Function／MRF: Multimedia Resource Function（C: Controller, P: Processor）／AS: Application Server／ISC: IMS Service Control／CSCF: Call Session Control Function（P: Proxy, S: Serving, I: Interrogating）BGCF: Breakout

Gateway Control Function／MGCF: Media Gateway Control Function／IM-MGW: IP Multimedia-Media Gateway／SGW: Signaling Gateway／PSTN: Public Switched Telephone Network

これらの機能は、関連する機能同士を機能ブロックとしてまとめることができる。その結果、IMSは次の6個の機能ブロックから構成されている。

(1)　セッション制御機能ブロック：P-CSCF、S-CSCF、I-CSCF
(2)　ホーム加入者サーバブロック：HSS、SLF
(3)　アプリケーションサーバブロック：AS
(4)　マルチメディア制御機能ブロック：MRFC、MRFP
(5)　既存網とのゲートウェイブロック：MGCF、IM-MGW、SGW、BGCF
(6)　サービス品質制御ブロック：PCRF、PCEF

6.3.2　NGN用IMS（コアIMS）

6.2.2で述べたように、NGNのサービス制御機能として、携帯ネットワークで導入しているIMSが使用されており、コアIMSと呼んでいる。コアIMSは3GPPで規定したIMSとほぼ同じであるが、一部違うところもある。

図6.4にコアIMSの構成を、制御信号を扱うエンティティを中心に示す。3GPPのIMSと比較すると主なエンティティは次の通りである。

(1)　3GPPのIMSと同じエンティティ

I-CSCF、S-CSCF、BGCF、MGCFは、3GPPで規定したエンティティと全く同じものである。

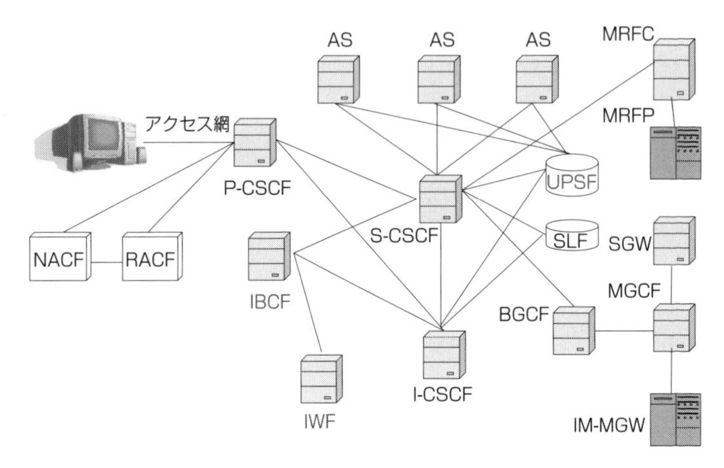

図6.4　コアIMSの構成

(2) 3GPPのIMSとほぼ同じエンティティ

P-CSCF、UPSF（User Profile Server Function）は、ほぼ同じエンティティであるが、NGNに対応した違いがある。P-CSCFはトランスポートストラタムのNACF、RACFと通信するためのインタフェースが追加されている。UPSFは3GPPのHSSに相当するエンティティである。ただし、HSSはHLRを活用して実現されるため、携帯端末の位置情報を格納しているので、USPFはHSSから位置情報を除いたものである。

(3) 新規追加されたエンティティ

IBCF（Interconnection Border Control Function）とIWF（Interworking Function）は、NGNで新たに導入されたエンティティである。IBCFは、異なる管理ドメインをつなぐためのエンティティであり、IWFは、SIPとH.323等の他のプロトコルをつなぐためのエンティティである。

第7章

ユビキタスネットワーク

ユビキタス（ubiquitous）の語源はラテン語で、あらゆる場所に存在する（即ち、遍在する）という意味である。もともと、ユビキタスコンピューティングとして、ゼロックス・パロアルト研究所のマーク・ワイザーが1988年に提唱した概念であり、ネットワークにつながったコンピュータをいつでも、どこでも自由に使える環境の構築を目標としていた。その後、携帯ネットワークの著しい進展に着目して、いつでも、どこでも、何とでも不自由なく通信できる将来の理想的なネットワークをユビキタスネットワークと呼ぶようになった。即ち、ユビキタスネットワークとは、あらゆるオブジェクト（人、物、情報端末、機器、空間、コンテンツなど）が通信手段を持ち、いつでも、どこでも、自由にネットワークに接続することができ、オブジェクト同士の相互連携を可能にするとともに、多様なネットワークサービスをいつでも、どこでも、利用できる環境であると考えられている。

現在、ユビキタスネットワークの実現に向けて各所で様々な研究開発が行われているが、以下その中の主な技術を説明する。

7.1　ネットワークのアクセス技術

ユビキタスネットワークを実現するためには、まず、人や物などあらゆるオブジェクトがいつでも、どこでもネットワークに接

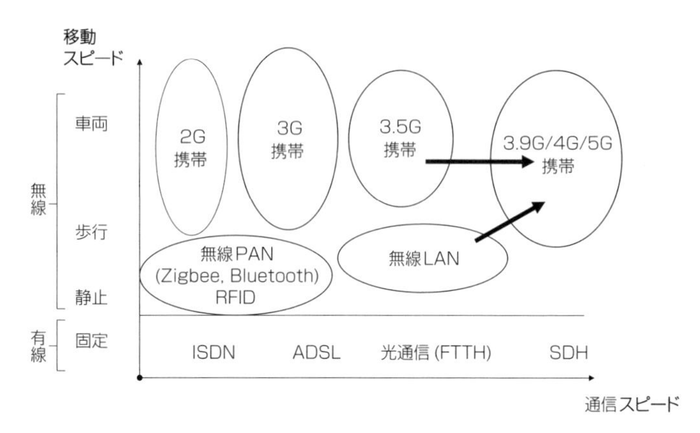

図7.1　アクセス技術の進展

続する技術が不可欠であるが、これをネットワークのアクセス技術と呼んでいる。一方、オブジェクトは常に移動する。家の中やオフィスの中で、同じ場所でずっと居る場合も、たまたま移動しないで静止している状態であると考えられる。このような考え方で、様々なアクセス技術をまとめたのを図7.1に示す。

図7.1の横軸は通信スピードを、縦軸はオブジェクトの移動スピードを表している。縦軸上の固定とは、光、同軸ケーブルなどを使う有線通信技術を表している。その上の部分は無線通信技術の状況を示している。図に示すように、無線通信技術がユビキタスネットワークの基本的なアクセス技術と言えるので、以下、主な無線通信技術の状況を説明する。

7.1.1　無線通信技術の進展

高速システムLSI技術、ディジタル信号処理技術、高速プロセッサ技術、高周波帯用電子部品技術などの無線通信システムの実現技術が引き続き進展している。さらに、OFDM（Orthogonal

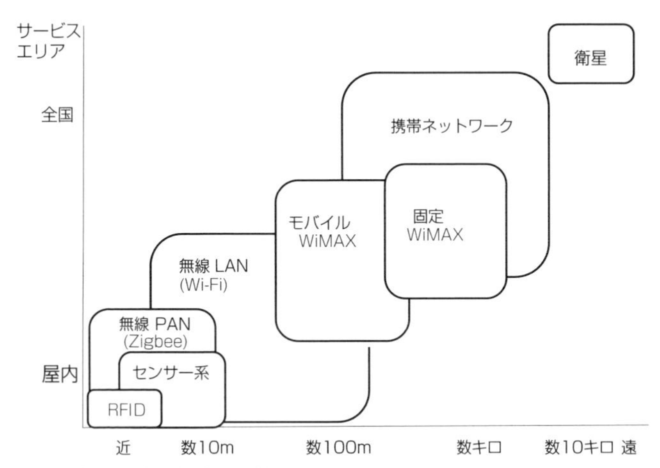

図 7.2　各種無線通信技術の位置づけ

Frequency Division Multiplexing）などの高度な無線変復調技術、高精度ディジタル信号処理ソフトウェア、アンテナ・高周波フィルタなどの高精度無線部品などの技術も実現されてきている。その結果、数個のLSIで無線通信システムができるSoC（System on Chip）化、ソフトウェア制御の適用する範囲の拡大、低価格化、ならびに小型化が著しく進展し、様々な新しい無線通信技術が実現している。

図7.2は、様々な無線通信技術の位置づけを示したものである。以下、図の中の主な技術を説明する。

7.1.2　無線PAN（Personal Area Network）技術

無線PANは、人が日常生活する数メートルから数10メートルぐらいの範囲を対象とした技術であり、Zigbee、Bluetooth等が注目されている。表7.1は、無線PAN技術の状況を示している。

UWBは、高速近距離応用を目的とした技術であり、屋内での

表 7.1　無線ＰＡＮ技術の状況

	無線技術	標準化名	伝送速度	距離	周波数帯域	備考
無線PAN	UWB	802.15.3a	480Mbps	10m	3.1～10.6GHz	高速、低消費電力（100mW 以下）センサーネットワーク ディジタル家電 現在は使われていない
	Zigbee	802.15.4	250Kbps	10～70m	2.4GHz	低価格、低消費電力 センサーネットワーク ホームネットワーク 消費電力 60mW 以下
	Bluetooth	802.15.1	2Mbps	10～100m	2.4GHz	携帯端末と周辺機器間の規格 消費電力 120mW

パソコン、家電などの通信用として考えられていた。しかし、二つの方式をまとめることができなかったため、標準化グループは解散し普及しなかった。Zigbeeは、蜜蜂がジグザグに動くという意味で、近距離無線通信に必要な機能に絞り込んでいる。小型、低コスト、低消費電力で、工場、家庭内などでの各種センサーをごく小電力の無線で相互接続して計測・制御する用途に使われている。Bluetoothは、携帯端末、パソコン、周辺機器の間で簡単にデータをやりとりするのに使われる技術である。

7.1.3　無線LAN/WiMAX技術

表7.2は、無線LAN（Local Area Network）、WiMAX技術の状況を示している。表のなかのWiMAX802.16e-2005では、150km／時間ぐらいの移動速度を対象としている。

7.1.4　RFIDタグ

RFID（Radio Frequency Identification）タグは、物の識別に利用する微小な無線ICチップであり、無線アンテナとICチップで構

表7.2　無線LAN／WiMAX技術の状況

無線技術	標準化名	速度	距離	周波数帯域	備考
無線LAN（Wi-Fi）	802.11b	11Mbps	100m	2.4GHz	製品展開中
	802.11a	54Mbps	100m	5GHz	製品展開中
	802.11g	54Mbps	100m	2.4GHz	製品展開中
	802.11n	600Mbps	100m	2.4GHz 5GHz	製品展開中
	802.11ac	6.9Gbps	100m	5GHz	製品展開中
WiMAX	802.16	135Mbps	5～10km	10～66GHz	固定
	802.16-2004	75Mbps	5～10km	11GHz以下 10～66GHz	
	802.16e-2005	1Mbps	3～5km	6GHz以下	固定＋モバイル

WiMAX802.16e では、移動速度150km/時間ぐらいを対象。

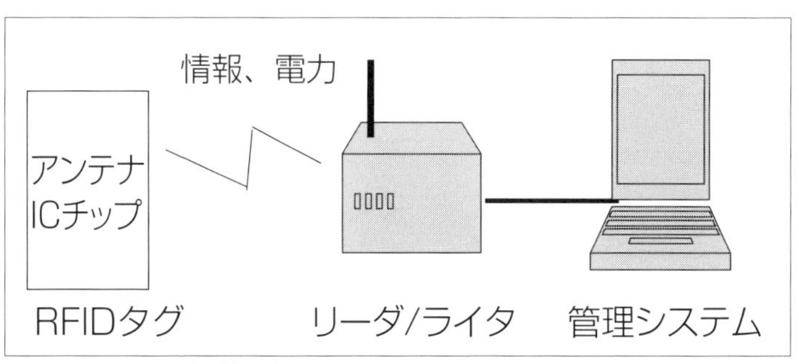

図7.3　RFIDタグの使い方

成されている。物自身の識別コードなどの情報が記録されており、電波を使って管理システムと情報を送受信する能力を持つ。形状は、ラベル型、カード型、コイン型、スティック型などがあり、通信距離は、数ミリ程度のものから数メートルのものがある。

図7.3に示すように、RFIDタグと通信する装置としてリーダ

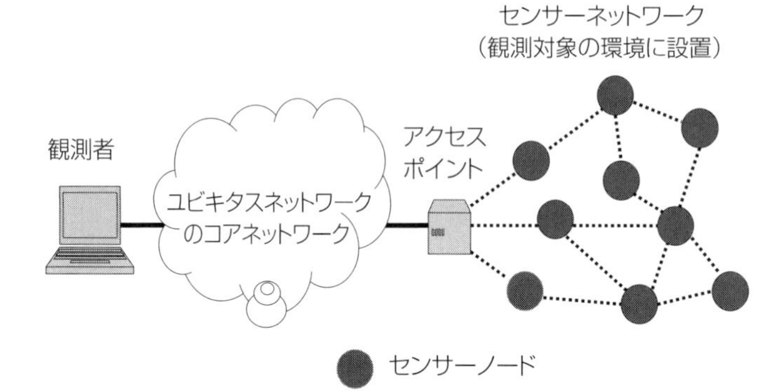

図 7.4　センサーネットワークの基本

／ライタがある。また、パッシブとアクティブタイプがあるが、パッシブタイプは、電池がなく、リーダ／ライタから電磁誘導等で電力が供給されて通信が行われる。アクティブタイプは、電池を搭載し通信距離をのばしている。

7.1.5　センサーネットワーク

(1) センサーネットワークの基本

センサーとは、熱、超音波、振動、ガスなど様々な物理・化学現象を検知し処理する機能を持ったデバイスであり、通信機能を有するセンサーをセンサーノードと呼ぶ。センサーネットワークは、複数のセンサーノードを無線通信で相互接続したネットワークを指すが、観測対象とする環境（例：オフィス、工場、農園、山林）に複数のセンサーノードを設置したネットワークとして構築し、環境データを収集する（図7.4参照）。

(2) フィールドサーバを用いたセンサーネットワーク

センサーネットワークの応用分野は多様であり、道路交通監視システム、防犯システム、野生動物観察システム、大気汚染監視

図 7.5　フィールドサーバの外観

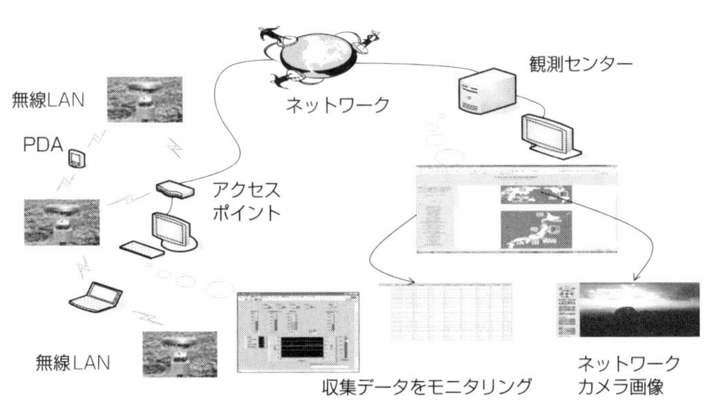

図 7.6　フィールドデータ収集システム

システムなどがある。ここでは、具体的な応用例として、屋外の環境データを収集するフィールドデータ収集システムを紹介する。

図7.5に、公園、農園、山林などの屋外に設置するセンサーノードの一種であるフィールドサーバの外観を示す。フィールドサーバは、複数のセンサー（日照量、温度、湿度センサーなど）、ネットワークカメラ、無線LAN/CPU基板などが耐候性のある筐体に格納されており、フィールドサーバ同士は無線LAN（Wi-Fi）で通信し、センサーネットワークを形成する。

図7.6にフィールドサーバを用いたフィールドデータ収集システムの構成を示す。フィールドサーバは無線LANで通信を行うので、無線LANの通信機能を持っているPDA（Personal Digital Assistance 携帯情報端末）やノートパソコンも必要に応じてセンサーノードとしてセンサーネットワークを形成することができる。センサーネットワークによって収集されたフィールドデータ（即ち、ネットワークカメラ画像、温度、湿度データなど）はアクセスポイントとネットワークによって観測センターに送信されるので、遠隔地の観測センターからフィールドの状況をリアルタイムに監視し、制御・管理することができる。

7.2　コアネットワークの技術

7.1で説明した有線、無線技術の様々なアクセス技術によって、オブジェクトはネットワークに接続することができる。したがって、ユビキタスネットワークを実現するための次の課題は、アクセス技術の種類に依存しない共通なネットワークを実現することである。このような共通ネットワークをコアネットワークと呼んでいる。

コアネットワークを実現する技術としては、新しいサービスを制御する技術とネットワークそのものを実現する技術が研究開発されている。7.2.1はサービスに関して、7.2.2はネットワークに関する主な技術を説明する。

7.2.1　シームレス通信サービス

新しいサービスの制御技術に関しては、ネットワーク技術と情報処理技術を融合した多様な融合サービスの開発とシームレス通信サービスの実現が追求されている。ここでは、シームレス通信サービスについて述べる。

シームレス通信サービスとは、通信環境に応じて、コンテンツの基本内容を変えずに、コーデック/メディアの変換、デバイスの変更、アクセスネットワークの変更等を実現することにより、通信環境が変わっても、シームレスに継続できる通信サービスのことである。例えば、次のようなパターンが考えられる。

(パターン1)　ストリーミングにおいて、同じ画像データを携帯端末に対しては、低ビットレートの画像として送信するが、テレビであれば、高精細な画像に変換して送信する。あるいは、音声データをテキストデータに変換して送る。

(パターン2) 通勤途中では携帯端末で見ている画像を、帰宅後はテレビに映す。あるいは、携帯端末上の音声・映像を映像だけPCに映し、音声は携帯端末にそのまま残して聞く。

(パターン3) 移動中に携帯端末で行っていた会議サービスを、会社や自宅では無線LANを使って継続する。

パターン1は、端末の種類に応じてコーデックの変換あるいはメディアの変換を行い、端末にふさわしいサービスを提供することであり、コンテンツシームレスと呼ぶ。パターン2は、コンテンツを異なる端末に移すことであり、デバイスシームレスと呼び、パターン3は、アクセスネットワークを変更することで、ネットワークシームレスと呼んでいる。

パターン2のデバイスシームレスについてもう少し詳しく説明

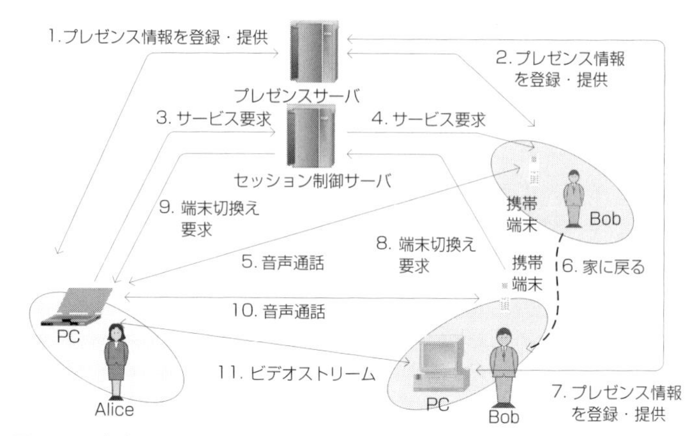

図7.7　デバイスシームレスのシナリオ例

する。例えば、携帯端末でテレビ電話をしていて、家に帰った後で画像を家のテレビに映せたら、もっと見やすくなるであろう。あるいは、携帯端末で話をしていて、通勤電車に乗るときは、チャットに切り替えられたら便利かもしれない。

図7.7にこのようなデバイスシームレスを実現するシナリオの一例を示す。図において、プレゼンス情報とは、ユーザが通信中であるかどうかのユーザの状態情報と、ユーザの端末がどのような通信サービスをサポートしているか等の情報であり、プレゼンスサーバはプレゼンス情報を登録・管理し、必要に応じて関連するユーザに情報を提供するサーバである。またセッション制御サーバは、ユーザの間でシームレス通信サービスを行うための通信セッションを制御するサーバである。なお、図の中の番号はシナリオの順番を表している。

Aliceは家にいてPCを使い、Bobは外で携帯端末を使っている。AliceとBobの端末は、互いにプレゼンス情報を共有しており、AliceのPCは、音声とTV電話ができ、Bobの携帯端末は音声通話だけが可能である。いま、Aliceが、Bobと通信しようとしたときに、Bobからのプレゼンス情報を見て、音声通話のみを選択する（図7.7の5）ことになる。ここでは、すべてセッション制御サーバを介してコントロールが行われる。Bobが外出先から家に帰ると、Bobは映像を映すことができるPCを使って、テレビ電話に切り替えることを要求する。ただし、音声通話は、携帯端末で継続して行う。この場合、Bobの携帯端末から、端末切換え要求（図7.7の8,9）をセッション制御サーバ経由でAliceに送り、Aliceが受け入れた場合、AliceとBobのPC間でビデオストリームが新たに加わり、テレビ電話が可能となる。

7.2.2　融合ネットワーク

ネットワークそのものを実現する技術としては、現在のネットワークをどのように進化させてユビキタスネットワークのコアネットワークを実現していくかが中心的な課題である。現在の主なネットワークは、電話ネットワーク、携帯ネットワーク、インターネットあるいは今後進展が期待される放送ネットワークなどがほぼ独立に存在しているが、これらが徐々に融合し、共通のものになっていくことが考えられている。以下、今後のネットワークが二つの段階を経て共通のネットワークに融合していくシナリオを示す。

（1）FMC（第1ステップ）

まず、第1ステップとして、電話ネットワークと携帯ネットワークの融合が考えられる。これが、FMC（Fixed Mobile Convergence）である。電話ネットワークの特徴は、低コストで接続品質と信頼性が良いところにあり、携帯ネットワークの特徴は移動可能でパーソナルであるところにある。これら両者の特徴を融合させるのが、FMCのねらいである。

■　電話ネットワークと携帯ネットワークを融合

- ●電話ネットワークの特徴：低コスト、接続品質、信頼性
- ●携帯ネットワークの特徴：移動可能、パーソナル

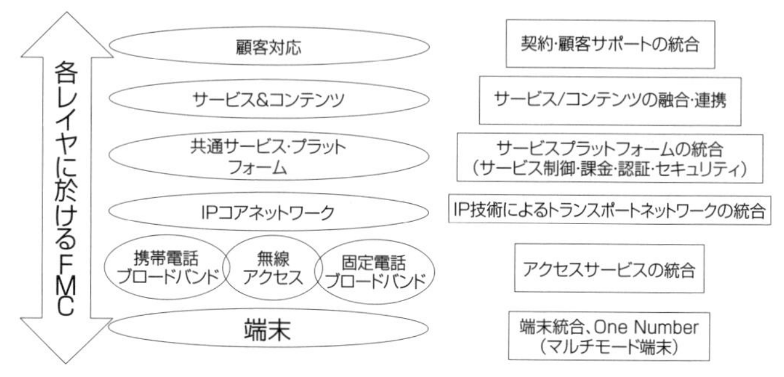

図7.8　様々なレイヤにおけるFMC

このためには、図7.8に示すように、様々なレイヤでの融合が考えられている。例えば、端末レイヤでの融合とは、1個の端末で電話ネットワークとも、あるいは携帯ネットワークとも途切れることなく使用できることを意味している。このためには、マルチモードな端末と固定と携帯に共通な一つの番号でアクセスできることを実現することが必要となる。また、顧客対応レイヤでの融合とは、契約などの顧客サポート機能を統合することを表している。

このように、様々なレイヤでのFMCを実現するには、多くの新しい機能を実現する必要がある。図7.9にFMCで必要とされる主な機能を示す。

また、前述したように、携帯ネットワークはIMSを導入する方向で進んでいる。同様に、電話ネットワークも前述したように、コアIMSを導入したNGNを構築する方向で進んでいる。このように、携帯ネットワークとNGNに同じIMSが導入されるので、

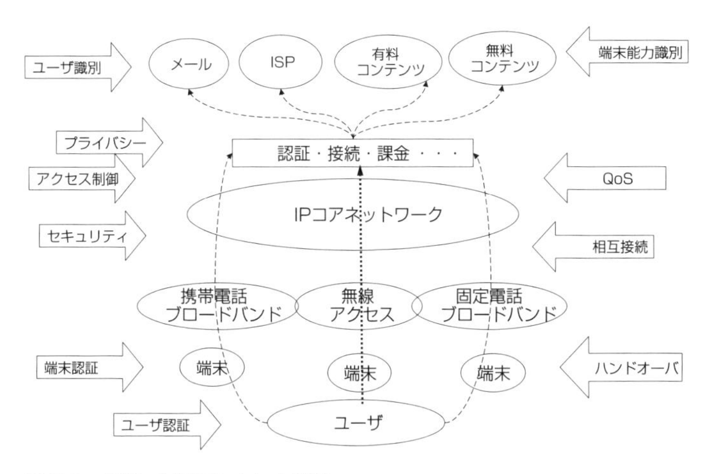

図7.9　FMCで必要とされる機能

この共通IMSを中心にFMCを実現する方式が検討されている。図7.10にその一例を示す。

(2) ワイヤレスユビキタスネットワーク（第2ステップ）

次に、融合ネットワークの第2ステップとして、ユビキタスネットワークの実現が考えられる。図7.11は、第2ステップである、将来の融合されたネットワークイメージの一例を示している。無線PAN／LAN／WiMAXに代表される様々な無線アクセス技術と、FTTHなどの有線アクセス技術に基づいて構築される多様なアクセスネットワークが共通のコアネットワークに収容されている。特に、進展著しい無線技術を活用して、ユーザがいつでも、どこでも必要なネットワークにアクセスができるとの意味で、「ワイヤレスユビキタスネットワーク」と呼んでいるが、このときの共通のコアネットワークをIMSに基づいて実現できると考えられる。

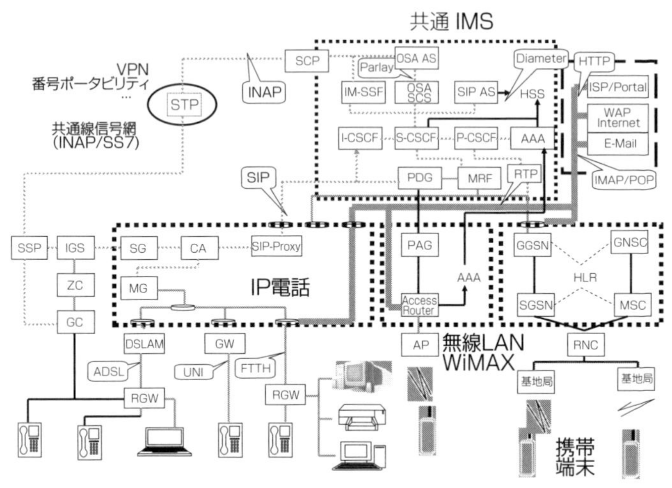

図 7.10　共通 IMS による FMC の例

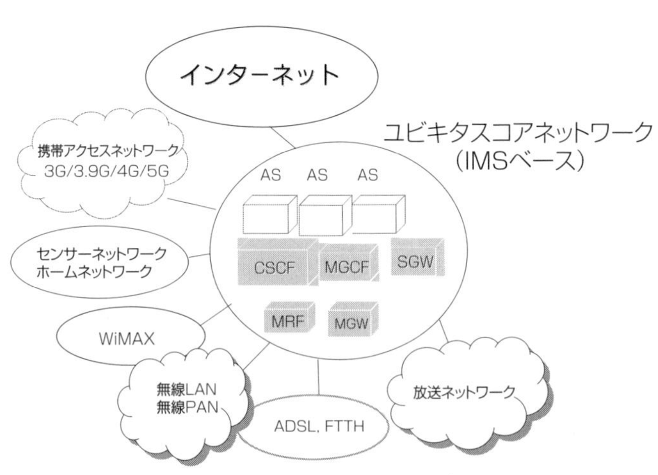

図 7.11　ワイヤレスユビキタスネットワークの構成例

第1部　参考文献

3GPP TS 23.002　Network Architecture

3GPP TS 23.228　IP Multimedia Subsystem (IMS) Architecture,　2006

Ahson, S. M. Ilyas et al『IMS Handbook』CRC Press 2009

ETSI ES 282007　Telecommunications and Internet converged Services and Protocols for Advanced Networking（TISPAN); IP Multimedia Subsystem（IMS）Functional

RFC 3261 SIP: Session Initiation Protocol, 2002

WiMAX Forum　Mobile WiMAX – Part 1: A Technical Overview and Performance Evaluation, 2006

イーラボエクスペリエンス『フィールドサーバ取扱説明書』2006

井関文一、金武完、森口一郎『ネットワークプロトコルとアプリケーション』コロナ社　2010

井関文一、金光永煥、金武完、鈴木英男、花田真樹、吉澤康介『情報ネットワーク概論』コロナ社　2014

歌野孝法「携帯電話の進化とインパクト」電子情報通信学会誌　Vol.90, No.5, 2007

「特集　間もなく離陸する5G」電子情報通信学会誌　Vol.101, No.11, 2018

宇野 新太郎“ユビキタス環境におけるシームレス通信サービスとその実現技術”信学論、Vol.J89-B, No.8, pp.1334-1346, 2006

江川尚志“JPNICニュースレター No.31 特集1：NGN概説”2005

金武完、宇野新太郎、伊藤亮三、中村光宏『IMS制御技術』明石書店　2007

金武完、佐相秀幸、村上敬一、的場晃久、宇野新太郎『進化し続ける携帯電話技術』国書刊行会　2009

後藤滋樹、外山勝保『インターネット工学』コロナ社　2007

情報通信白書 平成30年/平成29年/平成28年/平成27年等

白鳥則郎他『通信ソフトウェア工学』培風館　1995

千村保文、村田利文『SIP教科書』インプレスR&D　2004

電気通信基礎講座『交換技術・伝送技術』ＮＴＴ中央研修センタ　1992

服部武、藤岡雅宣編『ワイヤレスブロードバンド教科書（3.5G/ 次世代モバイル編)』インプレス R&D　2006

第2部　情報化と社会の関係

第8章

対人的なコミュニケーションの不確定性

8.1　コミュニケーションの主体としての人間

情報通信技術の進歩は私たちのコミュニケーションのあり方を変えたといわれる。確かに近年の携帯電話やインターネットの普及は私たちに大きな影響を及ぼしたことは事実であろう。しかし、そのコミュニケーションを行う主体である人間はどこまで変わったのであろうか？　郵便で手紙を出すのが一般的であった時代、相手からの返事は1週間後などというのは当たり前であった。しかし、現在、携帯電話やインターネットのメール機能を使えば、瞬時にメッセージが届くことになった。その結果、1週間後の返事に何のいらだちもなかったのに、いまや、10分後の返事に遅いといらだつ人々がいる事態となった。このような事態を見れば、確かに、人間にも変化があったのは事実であろう。しかし、そこには、昔もいまも変わらぬ人間固有の問題があることもまた事実なのである。対人的なコミュニケーションということを考えるとき、そこには前提として人間の存在を無視することはできない。携帯電話にしろ、インターネットにしろ、これらはコミュニケーションを媒介する手段、道具にすぎないのである。人間同士のコミュニケーションにおいて、コミュニケーションを行っているのは人間なのである。本章では、現代の情報社会の根本的な考察として、日々行われているコミュニケーションそのものをあらためて考え直してみよう。

8.2　コミュニケーションと他者

情報社会と呼ばれる現代社会であるが、それは人間社会の持つ一つの側面であるにすぎない。そこには、機械ではない生きた人間の生活が存在することを忘れてはならない。私たちの生活は他者との関わりのなかに成立している。私たちは人間と人間の関わりを通してはじめて日常生活を送っていけるのである。

そこで当たり前のように行われる人間同士の相互の交流があり、そこに人間社会がある。この人間社会を成り立たせている根底にコミュニケーションがある。私たちの生活にとって欠くことのできないそのようなコミュニケーションではあるが、これが意外と多くの問題をはらんでいる。自分の考えていることを相手に伝えたい。しかし、いつも、自分の思いが伝わるわけではない。言いたいことが相手に伝わらず、理解されないもどかしさを感じるときがある。それどころか、うまく伝わらないということから喧嘩になったりしてしまうことさえある。コミュニケーションを通して私たちは相手との共通の理解を求めている。それにもかかわらず、簡単な内容でさえ、相手に自分の考えが伝わらないことがある。しかし、これは私たちが日常的に出会っている現実である。

家族のなかでは親や兄弟、学校に行けば友人や先生、買い物に行けば、その店の店員と、考えてみると、私たちは日々、様々な人々と関わっている。そして、これらの人々と私たちは、私ではない「他者」として関わることになる。この私たちがコミュニケーションの相手と考える「他者」とは私たちの外部にある一個の人間として存在している。この当たり前の事実のなかに、コミュニケーションの根本的な問題が潜んでいるのである。

そもそも私たちは、自立した身体と自立した意識を持った存在であり、他者に成り代わることはできない独立した存在である。私はあなたにはなれないし、あなたは私にはなれない。当たり前のことであるが、他者との間に物理的な非連続がここにある。私とあなたは、物理的につながっていないのである。このような前提の下に私たちは、コミュニケーションを行うのである。

このような現実の前に、私は、あなたのことを理解することができるのだろうか。反対に、あなたは、私のことを理解できるのだろうか。私たちは日常生活の他者との関わりのなかで、円滑なやりとりがある一方で、自分の考えが伝わらないことや、さらには誤解を経験することもある。他者との物理的非連続とは、自己と他者が交換不可能な状態にあることを示している。つまり、成り代わることのできない自己と他者の関係は、基本的には相手のことを簡単には理解できない存在であることを示している。たとえ、親しい関係にある、親・兄弟であろうとも、非連続な関係にある以上、本当の心の内をすべて知ることなどできないのである。これがコミュニケーションの出発点である。

コミュニケーションという行為を通して、相手のメッセージを理解しようとする。コミュニケーションの目的はここにある。しかし、それは理解を求める行為であるが、決して理解を約束された行為ではない。相手のことがわからない、これがコミュニケーションにおける避けがたい前提であり、また、出発点である。だからこそ、コミュニケーションを行う。理解を求めてもなお、相手のことを完全に理解できない現実がある。それにもかかわらず、私たちは他者と関わることなしに私たちの生活は成り立たない。コミュニケーションは、他者への理解を求めようとする双方向的な運動であるといえるかもしれない。そして、このような中に私たちの生活の場である社会が存在することになる。

8.3　理解の構築運動としてのコミュニケーション

自己も他者も独立した一個の同じ人間である。このことは、私があなたを理解できないという、他者の予測不可能性というものが、相手においても同じ事態として生じていることを意味する。つまり、自己、他者の双方で、それぞれに予測不可能性を持っているのである。その結果、コミュニケーションを行うとき、お互いで、お互いに対しての予測不可能性が重ね合わされることになる。ここに予測できないという事態が、二重に重ね合わされ強調されることになる。予測不可能性としての他者性は、他者というものの理解の困難を導き、さらには、互いの関わりに対しても障害や困難を導く。

自己と他者は共通の理解を持つために、コミュニケーションを行うわけであるが、この二重の予測不可能性という事態を無視することはできない。私たちには、自己と他者の間の非連続がある。だからこそ私たちはコミュニケーションを必要とし、それを行う。コミュニケーションするとき、私たちは特別な意識を持つことは少ないかもしれない。しかし、このごくありふれた行動は、自己と他者がコミュニケーションをしなければ互いを理解できない関係にあることを意味している。つまり、先に述べたようにいくら親しい関係にあろうとも互いが理解できないことがあっても当たり前であるということなのである。もちろん日々の生活のなかで相手の思考や行動のパターンを知っていれば、ある程度の予測は可能かもしれない。けれども、相手のことを100％確実に予想することはできないのである。

このような中に私たちの社会というものが成り立っているのである。それは、他者が理解できないことが当たり前という中に成り立っているのである。コミュニケーションによって互いを理解しようとするわけであるが、他者の誤解や理解の不足を感じることは日常的に経験していることであろう。コミュニケーションによってお互いが同等の情報を共有できていない事態がここにある。

私たちは、相手に何らかの情報を伝達するためにコミュニケーションを行っているわけであるが、同等の情報を共有できない事態を考えるとき、情報は、形を変えずに受け渡しができないということをあらためて認めざるを得ない。コミュニケーションによって、私たちは他者に対して情報を伝えようとしている。けれども、これまで見てきたように、根本的には自己にはコントロールできない他者にそれを求めている。他者が行う理解とは、あくまでも他者自身の内部で行われるものである。このことを前提にすると、私たちは厳密には二つの困難を乗り越えなければならない。一つは情報そのものの伝達に関すること、もう一つは伝わった情報の理解に関することである。つまり、情報が伝わるということと情報が理解されるということは分けなければならないのである。単純な事柄であれば、「伝わること」と「理解されること」これらは分けることなく「情報の理解」と表現できるかもしれない。しかし、複雑な事態では、伝わった情報とその理解との間にはズレが生じることがある。日常的な会話のなかで、言葉は伝わったが、その意味が伝わっていないという事態に遭遇することはよくあることである。

私たちは、最終的には他者に伝えたいことを理解してほしいわけである。私たちは理解を得るために言葉を相手に送るが、言葉を送ることが直ちに理解へ結びつかないということに問題がある。相手は送った言葉をもとに何らかの理解をする。ここでは、他者が理解するということを他者が理解を構築すると表現したい。コミュニケーションとは、共通の理解を求めながらも他者が理解を構築する契機を提供しているにすぎない。他者が行う理解とは、理解しようとする他者のもつ知識や経験にきわめて依存しているということを考慮しなければならない。このような前提の下、コミュニケーションとは自己と他者の間の理解の構築運動と言えるだろう。

コミュニケーションは他者の理解を通してはじめて完結する。一方通行ではコミュニケーションとは呼べないのである。相手の反応は、新たな情報として自己に向けられる。そして、ここでは逆の事態を自己が行う。即ち、相手の反応としての情報を自己が理解しなければならないのである。自己は自己のなかで、他者は他者のなかでそれぞれ理解を構築することになる。

それぞれの理解の完了は自己と他者の往復運動のなかで暫定的に行われることになる。このとき他者の反応は伝達した情報の精度を確認する契機となる。情報の発信者にとって、他者の構築した理解が満足ゆくものでないならば、さらなる情報を他者に提示することになるであろう。コミュニケーションはコミュニケーションを継起することによって求める理解を構築しようとする。そして、それぞれの期待に合致するとき、あるいは期待が期待できないとき、コミュニケーションは終了する。

しかし、この期待の合致とは、完全な理解を確認した場合を必ずしも意味しない。むしろ、日常生活においては、わずかなズレは黙認してしまうことになる。そして、繰り返すコミュニケーションのなかで相手の理解が得られそうにないとき、コミュニケーションは終了する。このように、コミュニケーションは再帰的な理解構築に向けられた運動であり、この連鎖が、〈理解〉というものを構築してゆくのである。しかし、共通の理解は目指されるが、完全な理解が保証されるわけではない。

8.4　コミュニケーションと社会

コミュニケーションの主体である個人は、外部からは完全に把握しきれない不確定な要因を持ったものとして考えざるを得ない。

それは、私たちが独立した意思を持った人間であるということに起因している。そして、私たちは自らの意思で自由に様々なものを選択し、判断できるということを意味している。私たちは、社会から様々な制約を受けている。しかし、だからといって機械の歯車のごとく社会生活を送っているわけではない。私たちは生きているがゆえに様々な可能性を見いだすこともできるし、自身がその可能性の一つになることもできるのである。もちろん、それが私たちにとっていつも望ましいものをもたらしてくれるわけではない。これまで繰り返し見てきたように、そこには予期せざる事態も生じることになる。

私たちの生きている社会には数多くの可能性が潜んでいる。そして、それは、もはや一個人では処理できないほどの可能性がそこにある。私たちは、このような可能性の過多とも呼べる事態のなかで生活しなければならない。予測し得ない不確定な側面を持つ社会ではあるが、これは無視することのできない現実であり、この可能性から数多くの新しいものも生まれるのである。私たちは、この新たな可能性とともに不安定な状況のなかに生きている。残念ながら、この不安定さを確実に除去することはできない。もし、そうすることができれば、私たちは、すべて決まった未来のなかに生きていることになる。もちろん、私たちはこの不安定ななかに存在しているわけであるが、それをただ手をこまねいてみているわけではない。私たちは、繰り返されることからパターンを見いだしたり、あるいは、自らルールをつくったりして、予期せざる事態を回避しようとする。このような社会のなかにつくられるルールは、そこに属する人たちにとっては予測できる結果の期待をもたらしてくれる。それらの期待は社会のなかで一般化されることによって、社会の成員に期待される様式として機能することになるのである。期待の一般化は個人的空間から社会的空間へと拡大し、やがて多くの人々の前に生じる不確実な状況を軽減することになる。もちろんそこにも予想外の事態は生じる。私たちは常に期待はずれの危機を視野に入れながら、時として期待はずれを経験しながらその絶えざる運動のなかで生きているのである。つまり、他者との間に共有物としてのルールをつくったりしながら関係化をはかっているのである。もちろん、その共有物は繰り返し確認されることもあろう。しかし、たとえ繰り返し見いだされたとしてもそれは実体がごとく扱われるものではない。その共有物はその都度、消滅してしまうものなのである。私たちは、その消滅してしまう経験を抽象化し、一般化することによって行動期待に変換しているにすぎない。そこには期待構造というものが創出されることになるが、それはあくまでも期待の体系であり、予測の構造にすぎない。私たちは依然、人間の持つ別様の可能性を無視することはできないのである。人間の行動にまつわる現象は、一定の関係を表現するモデルによって、様々な説明がなされてきた。ここではそのような説明を否定するものではないが、そのような説明から漏れだしてしまう事態も見逃すことはできない。

ここで強調したいのは、人間の持つ別様の可能性の指摘である。私たちは、予測し得ない側面を持った他者と生活しているのである。もちろん、すべて予測し得ないといえばそれは嘘になろう。しかし、絶えず、期待はずれの準備を私たちはしなければならない。他者の行動において確実に生じる保証などどこにもないのである。私たちは数多くの人たちと協力することで現在の生活を成り立たせている。他者とともに生きなければならない。だからこそ私たちはコミュニケーションを行う。それは自らの意思で行う積極的な行為である。他者に自己を理解してもらうためには、意図的な働きかけが必要なのである。それは、時として、煩わしかったり、面倒くさかったりすることかもしれない。しかし、それを避けて人と人は理解しあえない。

近年、自分を理解してくれないと他者に危害を加えたり、さらには命を奪ったりするような事件に遭遇する。なぜ自分のことをわかってくれないかと訴える姿がそこにある。そのような人々に共通しているのは、私のことをわかってくれるのは当たり前だと思っている、そんな印象を受ける。そこには、他者との関わりを避ける一方で、自己の理解のみを要求する姿がそこにあるように思える。しかし、これまで見てきたように他者を理解するということは決して容易なことではないし、ましてや当たり前のことではないのである。自己と他者の関係を円滑にしてくれるはずのコミュニケーションであるが、ひとたびそれが不十分な事態に至るとき、人は不安になったり、恐怖を覚えたりする。そこには孤立することへの恐怖を持っている人間の姿がある。社会の中に一人取り残されることへの恐怖。それは自己の存在意義を他者の中に求めているからであろうか？

8.5　情報社会と人間

情報通信機器の発達は、人間同士の物理的な距離を明らかに縮めてくれた。離れた場所にいる人と瞬時につながることができる。近年普及の著しい、携帯電話では、かつては、高額な費用がかかった国際電話も安価になり、通常の国内電話も地域に関わりなく、同一料金で利用できるなどの環境になった。国内にしろ、国外にしろ、手紙は相手に届くまで数日を要した。しかし、現在、パソコンや携帯電話のメール機能を使えば、瞬時に相手にメッセージが届くことになった。このように考えれば、確かに人と人は結びつきやすくなったのかもしれない。しかし、携帯電話の向こう側にいるのは、予測できない側面を多分に持った、紛れもない生身の人間である他者なのである。それぞれ感情を持った一個の人間がそこにいるのである。携帯電話にしろ、メールにしろ、相手に一方的に、メッセージを送りつけることは可能かもしれない。しかし、それを理解するということは相手の問題であり、伝えたいことを理解してもらうための努力が必ず必要なのである。あなたは誰とコミュニケーションしているのですか？

第9章

選択される情報と現実性

9.1 区別から情報へ

私たちは、日々の生活のなかで情報を活用している。それは、「情報を検索する」という言葉に表れているように情報とは、探し出されるという側面を持っている。情報というものを考えるとき、このことはきわめて重要な特徴を言い表しているのである。探し出される情報とは、情報の選択という事態を意味しており、このことが情報を特徴づけている。また、情報は自己と他者の間で伝達したり、伝達されたりもする。私たちは、情報の発信者として他者に情報を伝えたり、情報の受信者として他者から情報を受け取ったりするのである。この情報の授受はコミュニケーションとして表現される。このコミュニケーションにおいて、伝達されるメッセージはその中心的存在である。そのメッセージは伝えたい内容を持った伝達される事柄として具体化される。しかし、ここで具体化される事柄とは、発話や文字といった言語による表現に限定されるものではない。図像や動画なども伝達される事柄となり、メッセージとなり得るのである。いずれにせよ、このとき、他者に伝達されるメッセージは情報として機能することになる。そのように考えると、情報とは、何らかのメディアのもとに表現され伝達されるものであると考えることができる。前章では、コミュニケーションの本質について、特にその他者性に注目して考察した。そこでは、コミュニケーションにおいて前提となる自己と他者を分析した。本章では、あらためて情報というものの本質について考えてみよう。そもそも情報とは、きわめて多義的に用いられる概念であり、ここで網羅的に議論することはできないが、その一つの側面である、情報の選択性とその社会性について注目したい。それは、確かに一側面かもしれないが、情報を考える上で重要な特性であるといえるからである。

私たちは日々、特別な意識を持つことなく情報という言葉を使っている。それは、情報という概念が日常に浸透し、私たちの生活の一部になっているからかもしれない。しかし、その日常的な概念について深く考えてみると、そこには見過ごしてしまっている問題が潜んでいるかもしれない。さらにいえば、情報社会と呼ばれる現代に生きる私たちにとって、無関心であってはならない注意すべき問題が潜んでいるかもしれないのだ。私たちは、日々、様々な情報を通して、様々なことを知り、考え、そして、その情報を通して決定をも下している。まさにこれらの日常的な行いは、私たちの生活に欠くことのできないものである。私たちは対面的な他者、テレビ、ラジオ、インターネットといった外部から様々な情報を得ることになる。私たちの周りにある出来事は確かにすべて情報となり得る。しかし、それは、それらすべてが、誰にとっても情報であるということを意味しないのである。これらの情報が情報として成立するには、何らかの理由のもとに有意味な事柄が他と区別される必要がある。この他と区別されるということがまず重要である。この区別という操作こそ選択という事態なのである。情報は情報として選び出されるという特性をここに見ることができる。情報の選択は、選択される理由を必要としている。これは一見当たり前のように思われることではあるが、しかし、この選択理由こそが情報の存立に関わる重要事項なのである。情報とは特定の志向性を持っており、特定の事柄に関する

「知」であるといえる。本章はこの情報の選択の問題に焦点を当てて情報の特性を掘り下げて考察することになる。

9.2　情報の構成と選択性

情報を考える上で、情報が情報として成立するための出発点を考えなければならない。情報が情報であるためには意味を持った他と区別可能な一つの有意味なまとまりである必要がある。そして、なにより情報は誰かにとっての情報なのである。それは、誰かによる情報としての境界づけが必要であることを意味する。すなわち、情報になるような出来事などは存在するにしても、境界づけの前には情報は存在しないのである。情報というものを考察するとき、私たちは、まず、情報は情報として、事前に存在してはいないという事実を認めなければならない。

情報が情報となるための、その出発点としての他と区別するための境界づけの問題が、情報の選択の問題であるといえる。情報は利用される事柄として選択されてはじめて情報となる。それはある選択者の特定の視点から意図的に選択された結果であると言い換えることもできよう。どの視点から選択するかは、選択者にゆだねられたものであり、常に選択者による特定の志向のもとに選択される。情報はその利用者にとって既知のものであるとき、情報としての価値はほとんどない。情報は、利用者にとって未知であるからこそ意味がある。情報を検索するというとき、それは未知の事柄を探しているということを意味している。この情報を探すときの方向性が志向性である。このとき、情報というものが一個人による選択であったとしても、その選択者が特定の社会の中に生きる社会的に影響を受けたものでもあるという点も見過ごせない。特殊個別的な情報を収集するにしても、その収集する個人自身が社会と全く関わることなく生きることはほとんど不可能であろう。私たちは生きるために社会に関わり、社会のなかの一員として、存在している。その意味で社会との関わりを全く否定することはできないのである。

そのようなことから選択された情報は、肯定的に扱われるにせよ、否定的に扱われるにせよ、その社会からの影響や関わりを持つことになる。情報が社会のなかで機能するとき、情報の持っている意味そのものが社会と深く関わることになる。情報は社会的に意味づけられ構成されているという側面を持つのである。そして、このような背景の下に特定の意図を持った選択を通して出来事が情報へと変換される構造を見ることができる。

私たちは日々様々な情報を受け取ることになるが、それはいずれも誰かによって選択されたものであり、特定の視点からの選択物であるということを忘れてはならない。それは、一個人の選択だけではない。マスコミによるニュース報道も同様に選択された結果としての情報なのである。もちろん、インターネット上の情報も選択物であることに変わりない。私たちは、自らの意志で情報を選択し、情報を構成することもあるが、その一方で、他者の選択した情報を選択することもある。もちろん、私たちは、提供された情報をすべて受け入れるわけではない。先に触れた通り、情報は、知り得ていない場合にのみ、即ち未知のとき情報としての価値も持つことになる。既知のことを知らされても、情報の価値という意味では、その価値はほとんど無に等しいものとなる。もちろん、既知の情報であってもその確認という意味では無視できないものであり、単純に未知、既知というだけでは情報を規定するには無理もあろう。そこで、ここでは、利用者にとって利用可能な情報を「有意味な情報」と呼ぶことにする。特に対人的なコミュニケーションにおいては、情報とは意図的に選択された有意味なメッセージと呼ぶこともできよう。この点については、前章のコミュニケーションにおける理解の構築についての議論と重なる問題であり、情報が情報として受容される際、受け手の構築力に大きく依存していることにつながる。

いずれにせよ、コミュニケーションにおいて、私たちは、送り手によって選択され、情報化されたものに対して、さらに、私たちの立場から選択をするのである。即ち、情報は、送り手によって選択されることによって、情報となるが、それは受け手が有意味なものとして選択してはじめて情報として機能することになる。そのような意味で、情報は二重の選択を経てはじめて真の情報となる。

いま、コミュニケーションという他者との間の情報の伝達を前提に議論してきたが、情報のなかから情報を選択するというプロセスは、決して特殊な事態ではない。私たちは先人の知恵を利用する。それは日常的な生活知から高度な先進的な科学技術にも関わるものでもある。それは書物をはじめとする何らかの媒体に記録されており、そこから情報を得ている。現在では電子媒体に記録されることも多くなり、検索の速度は格段に速くなったが、それでも選択という事態を通して情報が形成されるということには変わりない。さらに選択行為は、二重、三重の選択も行われることもある。ここにあらためて情報は選択されることによって構成されるものであるということが確認されたことであろう。現在、私たちはおびただしい情報のなかにいる。そして、この状況のなかで私たちは情報の選択を強いられており、ここに見られるような多重な情報の選択というプロセスは、まさに情報処理なのである。もちろん、情報の処理は情報の選択だけではなく、情報の総合も含まれることになる。しかし、情報の選択が情報処理の重要な要素であることには変わりない。いずれにせよ、情報処理とは複数の情報から選択と総合を通して必要な情報を構成すると言い換えることもできよう。次節では、この情報の処理という視点からさらにこの情報の問題を考察しよう。

9.3　情報選択の恣意性

情報を情報として認知するのは情報の利用者である。そして、このことは情報というものが、あらためてすべての人にとって意味あるものではないということを意味している。これらのことを踏まえ、情報の成立の前提として、選択というプロセスがあることが前節のなかで確認された。私たちの周りにある出来事は様々なものが情報になる可能性を保持している。しかし、それだけでは情報にはならないのである。特定の意図や志向の下に情報が選び出されることになる。この特定の意図や志向は情報の選択者の恣意的な選択といえる。そして、この情報の選択者は、社会のなかに生きる社会性を身につけた社会的人間でもある。この社会的な人間は生まれ持った性質として、社会性を身につけているわけではない。それは、その所属する社会での生活を通して獲得されるものであり、その社会固有の価値や規範を身につけることによって、はじめて獲得されるものなのである。もちろん、それらの価値や規範を無条件に受け入れるだけでなく、それに反発したり、否定したりすることもあるかもしれない。しかし、そのときですら、すでに社会の価値や規範の影響を受けているのである。個人の趣味や嗜好は、その個人固有のものである。しかし、それについても社会からの影響を全く無視することはできないのである。このような事態を考えるとき、情報の選択に際しても、やはり社会からの影響を無視することはできないのである。

情報は社会のなかに生きる人々によって活用されることになる。それは一個人の特殊なものから、国家、さらには世界規模といった水準での有意味な情報というものが存在することになる。そして、現在の情報環境は、おびただしい数の情報の提供を可能にしており、一個人の持つ情報処理能力をはるかに超えるものとなっている。このような環境のなかでは、私たちはもはや自分自身で判断するには限界がある。確かに、情報を選択するのは個々人かもしれない。しかし、その選択の判断を一個人にのみ求める必要はない。私たちは、情報を選択するための情報を用いることができるのである。情報を選択するためには情報を理解し、判断することが求められる。しかし、情報の内容が、特殊なもの、極端に専門的なものに対して選択しようとするとき、それに対応するだけの知識が必要となる。対応できる知識を即座に手に入れることができるならばよいが、常に対応できるわけではない。このとき、私たちは信頼できる人の意見を参考に情報を選択することができる。アメリカの社会学者P.F.ラザースフェルトらは、大統領選挙における人々の投票行動、即ち意志決定を分析するなかで、マスコミから流れた情報を人々が直ちに受容し判断するのではなく、オピニオンリーダーと呼ばれる人々の意見を参考に自分の意見を決定することを見いだした。彼らはこれを「コミュニケーションの二段の流れ」と呼んだ。この指摘はマスコミから大衆への直接的な影響を示す「皮下注射効果」と呼ばれる見解への批判でもあった。私たちは確かにマスコミからいろいろな情報を得るが、その一方で、その情報を評価したり判断したりするときには他者の意見を参考にしたり、場合によれば、自身の意見としたりすることもある。いわば、間接的な情報の選択がここにある。

しかし、これはマスコミからの情報提供に限定されることではない。このことは日々私たちの生活にも見られることではないだろうか。私たちはすべてを知っているわけではない。このとき、その未知の事柄について他者の意見を参考にすることは、決してまれなことではない。しかし、ここで注意しなければならないのが、オピニオンリーダーからの情報はあくまでもオピニオンリーダーによる情報選択の結果にすぎないということである。即ち、オピニオンリーダーの意見に耳を傾けるということは、オピニオンリーダーの視点からの偏った情報選択を選択することになる。

もちろん、純粋に中立的な情報などというものはあり得ないのかもしれない。なぜならば、情報は情報の選択者による意図的な選択だからである。しかし、このことはこれまで繰り返し述べてきたように情報の持つ特性であり、情報の成立にとって避けることのできない現実なのである。むしろ、私たちはこのことを自覚して情報を取り扱うべきなのである。自分がどの視点から情報を選んでいるのかを知ることこそ重要なのである。それは、現実の世界から直接、情報を選択する場合でも、間接的に誰かの選択した情報をあらためて選択する場合でも事情は同じである。どの視点からの情報なのかという自覚が情報の妥当性を決定するのである。

いま、オピニオンリーダーという情報源からの情報選択の偏りを話題にしたわけであるが、しかし、それにさかのぼってオピニオンリーダーが選び出す情報源、即ちマスコミやインターネットなどの情報源も、少なからず同様の偏りの性質を持っている。少なくとも私たちの周りにあるテレビやラジオ、新聞ならば、報道する事実について手を加えることはほぼないといえる。しかし、事実を報道するにしても、どの視点から切り取るのかについては別問題である。問題が複雑であればあるほど、切り取る視点が複数存在することになる。選択の恣意性を考えれば、マスコミといえども情報選択の方向性に違いが生じることもある。ここに情報の選択性を考慮しなければならない理由がある。情報の選択性とは、情報の部分性を示しているともいえる。即ち、情報とは切り取られた部分であるということである。そして、それらはすべて同じように切り取られる保証などどこにもないということである。情報の示す事柄と現実との関係についてはまた別の次元での検討が必要になる。

9.4　情報のリアリティ：擬似環境と現実

私たちは、テレビ、ラジオ、書籍、新聞、インターネットなど様々なメディアを通して情報を獲得する。これらの情報を深く考察するとき、情報は自身で選択するにせよ、他者が選択したものを選択するにせよ、選択されたものであるという事実をまず考えなければならない。そして、前節で強調したように、それらは必ずしもすべてを表しているわけではなく、むしろ、切り取られた部分であることの方が多いという現実を考慮しなければならないのである。この問題を早々に警告したのが、W.リップマンである。私たちの知ることができる世界は限られている。私たちは、世界のすべてを知ることはできないのである。しかし、私たちはマスコミの発達に伴い、直接知ることのできない世界をマスコミを通して知ることができるようになった。しかし、それはマスコミが提供してくれる一つの情報にすぎず、ここでも、情報選択の恣意性は生じており、まさにここに提供される情報も断片的なものでしかないのである。けれども、問題なのは、すべてを知り得ないということから、人々はこの断片的な情報をすべてのように考えてしまうことにある。リップマンは、このマスコミが提供する断片的な世界を「擬似環境」と呼び、この擬似環境のもたらす問題性を指摘するのである。前節の「オピニオンリーダー」の場合と同様に、この「擬似環境」も、現代の情報社会を分析するのにきわめて有効な概念である。むしろ、この擬似環境の問題は、ネット社会における問題の本質を示しているとすらいえよう。

現在、私たちが関与する情報は、インターネットの発達によって、劇的に変化した。その最大の特徴は、個人単位での情報の発信がきわめて容易になったということである。そして、その発信できる範囲が世界規模のものとなったということである。地球の裏側の出来事も瞬時に知ることもできるようになった。しかし、その情報の信憑性については大きな問題を抱えることになった。リップマンが、問題視したのは、情報の断片性の問題もあったが、その一方でマスコミが提供する情報の信憑性、即ち情報の真偽を問うことが難しいという点であった。一般大衆は、マスコミから流れる情報を一方的に受け取るのみで、実際にその真偽を確認できる手段は限られており、現実的には、マスコミの情報を鵜呑みにすることになったのである。

現代のネット社会を考えていただきたい。情報の双方向性が強調されるネット社会であるが、その一方で、提供される情報を検証することが容易になったわけではない。ましてや、匿名的な情報発信も普通であり、虚偽の情報が発信されることもまれではない。また、意図的な誤りでなくとも、誤った情報を訂正することは困難な事態にある。ネット社会において一度発信された情報は、それだけで一人歩きすることになり、追って訂正しても、その訂正が確実に受け手に届く保証などどこにもないのである。しかし、誤った情報であっても、偽りの情報であっても、それは私たちの世界の出来事として記録され、擬似環境を構築してゆくのである。そして、それを誤りや偽りと判断できない人はその情報を真実であると考え、新たな行動を起こすことになる。

現代の情報環境は一個人の能力では得ることのできない、おびただしい情報を提供してくれる。そして、あたかも自分で直接見聞きしたような感覚を抱くことになる。例えば、私たちは容易に南極にゆくことはできない。しかし、そこから流される映像や音声は、現場にいるような気にさえさせる。それが、何ら加工されていない現実の風景であっても、カメラの裏側に何があるのか、私たちは知ることができない。断片的に切り取られた南極の風景、これが一つの擬似環境である。私たちは、いま何を見せられているのかというレベルで注意しながら情報に接しなければならないこともあるのである。

9.5　情報の解釈

複数の角度から情報の選択性という問題を考察してきた。そこでは選択の恣意性、選択結果の信憑性などが議論されてきた。最後にこの選択に関わるもう一つの重要な問題を考察したい。情報というものが、一つの選択物であり、特定の志向の下にまさに恣意的に選び出される。しかし、情報は誰にとっても認識が可能というわけではないのである。物事を認識する際、そこには何らかの認識の枠組みが必要になる。しかも、この認識の枠組みは個々人で異なるものであり、その結果、すべての人が等しく物事を認識できるとは限らないのである。たとえ、同じものを見ていたとしても、そこには認識能力に起因する格差が存在することになる。それは理解の程度の差となって現れることになるが、場合によっては、ある対象に対する認識の枠組みを持たないがゆえに、眼前に生じている事態を認識できないという場合もある。いずれにせよ、情報を認識し、理解することは、すべての人に共通に備わった能力ではないということなのである。認識の枠組みが体系化されたものが知識である。知識の有無によって理解が左右されるということは、ある意味自明のことであろう。しかし、ここでは、なぜ知識がないと理解に問題があるのかという問いについて、認識という水準にさかのぼり考察したい。それはまさに本章の主題である情報選択の問題に直接関わることであるからである。

私たちの社会生活の中には、私的な情報から公的な情報まで、様々なタイプの情報が存在する。現代の日本において、テレビやラジオ、携帯電話の普及率は高く、また識字率もきわめて高い水準にある。テレビやラジオ、コンピュータや携帯電話を所有し、それを操作できなければ、それらが提供する情報を入手することはできないのかもしれない。しかし、機械の操作ができても、文字が読めなければ文字で表現された情報を入手することはできない。世界規模で情報化が進むなかで識字の問題は大きな問題なのである。私たちは互いのコミュニケーションに言語を用いる。そこでは話し言葉や書き言葉が用いられることになる。これらの言語は社会生活のなかで自然に発生したものと考えられ、自然言語と呼ばれる。すべての人に関わるものではないかもしれないが、この日常生活に用いられる自然言語以外にも様々に表現された情報を得ることもある。コンピュータに用いられる形式言語、人工語などはその典型かもしれない。それは特殊な世界のなかで通用する特殊な言語である。このような特殊な言語であっても私たちは自然言語のレベルに変換して理解することが可能なのである。そして、特に意識することは少ないかもしれないが、認識の枠組みも自然言語化されることによって私たちにとって利用可能なものになっている。

情報を認識し、整理、総合して理解をも導くというこれらの一連のプロセスは情報処理と呼べるものである。コンピュータを用いることによって、大量のデータの整理が容易になった。そのような意味で情報の処理のプロセスの一部は合理化されることになったのである。しかし、そこで整理されたデータを解釈することはコンピュータによるというよりも、人間の介入が必要になる。もちろん複雑なプログラムを構築し、情報の解釈をコンピュータに行わせることも可能かもしれない。しかし、その情報を人間が、あるいは人間社会が利用しようとするとき、少なからず人間による解釈や意味づけが関与することになる。

情報社会という言葉において、私たちは常に何らかの先端的な情報機器を想定し、それらの機器にまつわる問題として考えがちである。しかし、情報の問題とは単純に情報機器の問題だけにあるのではない。むしろ、その背後にある人間による情報選択の問題、情報認識の問題を無視することはできない。情報通信技術の進歩は、一個人では入手できないような多くの情報の入手を可能にした。しかし、それは時として、断片的に構成された現実であり、必ずしもすべてを伝えてくれるものではない。そして、その断片的な情報を私たちは解釈し理解するのである。私たちは、情報の持つ特異性を知っておかねばならない。もちろん、情報機器にまつわる問題を軽視してよいわけではない。けれども、情報というものの取り扱いを考えるとき、その主体である人間が、その選択も解釈も行うという現実を忘れてはならないであろう。

第10章

技術の進歩と社会の適応問題

10.1　進歩の光と影

情報化の波は世界規模で拡大している。その結果、私たちの生活は自然環境、社会環境の中にあるのみならず、いまや、新たな環境である情報環境の中にあるといえる。私たちはこの新しい環境を無視することはできず、今後もさらに進化し続けるこのなかで生活しなければならない。しかし、この新しい環境に対する私たちの適応は必ずしも順調ではない。むしろ、この新しい環境に対応できず、様々な問題が生起している現実がある。その多くは私たちにとって予期せざる結果として生じている。私たちにとって予想できなかったマイナスの側面が私たちの生活に現れるのである。しかし、これら望ましくない問題をはらんだ現実の中に私たちの生活がある。

人類の歴史を振り返るとき、革新的な技術の進歩や新たな発明は、私たちの生活を大きく変化させた。例えば、18世紀におけるイギリスに起こった産業革命は西欧社会を農業社会から工業社会へと変化を促し、大量生産、大量消費を可能にするような土壌をつくり出した。そして、この工業化は、いまだ大きな格差はあるにしても世界規模で、人間の生活を豊かにしてくれたことは紛れもない事実であろう。しかし、その一方で、その新しい技術が望ましくない事態をもたらすことがあったのも事実である。新しい技術が、派生的に従来にない新たな問題を生み出したのである。そして、現在、IT/ICT革命などと称される情報通信技術の飛躍的な進歩は、私たちに新たな利便性を提供してくれた。しかし、ここでもまた、従来にない問題を発生させた。

携帯電話を利用した「振り込め詐欺」、インターネットや携帯電話の掲示板を利用した誹謗中傷、いじめなどの問題の出現、あるいは、従来からある違法薬物の取引や売春の仲介などに、インターネットや携帯電話が用いられるという、これまでになかった形で従来の犯罪が変化、拡大するなど問題は深刻化している。インターネットや携帯電話を開発した人々がこのような犯罪を想定していたであろうか？　本章では、情報を巡る技術の進歩と社会の問題に焦点を当ててみたい。

10.2　技術の進歩に対応できない社会の現実

私たちの社会はその歴史のなかで様々な変貌を遂げてきた。特に近代における技術の革新は、大きく人間の生活を変えてきたといえる。そして、そこには新たな文化が創造されたといえる。そして、技術革新によってもたらされた新たな文化が社会の中に導入されると、それに伴って社会の様々な部分が影響されることになる。場合によっては、社会全体が影響を受け、社会の構造が大きく変化することもある。そして、残念ながらその変化の過程において様々な問題が生じた。アメリカの社会学者、W.オグバーンは、社会変動に伴う問題の出現を新たな文化と従来の文化との間の適応問題に注目し独自の理論を展開した。彼は、文化を「物質的文化」、「非物質的文化」、「適応文化」の3つに分けることから出発する。「物質的文化」とは、新たな発明の具現化されたものからもたらされる文化である。「適応文化」は、新たな文化に対応するための文化である。これは直接、物質的文化に向きあうものではあるが、オグバーンはこれを取り挙げてその問題を指摘する。「非物質的文化」とは、適応文化の後に構築される精神や思想といった文化である。オグバーンはこれらの3つの文化が同時並行的に変化するのではなく、その変化のスピードが異なるところに注目する。特に「物質的文化」と「適応文化」とのズレに問題の根源を見ている。即ち、物質的文化は、適応文化に比べ、きわめて進行が早い。精神や思想というレベルの「非物質的文化」に至っては「物質的文化」の進行には追いつけないのである。オグバーンがこの問題を指摘したのは、20世紀初頭の近代化を背景にしたものであった。それは、17世紀にイギリスに端を発したと考えられる産業革命の延長にあったものである。産業革命がもたらした、機械化、工業化に代表される産業化は、生産と消費の拡大を促し、さらには交通運輸の領域にも影響を及ぼし、まさに人間の生活に大きな影響を与えた。その一方で、労働問題、公害問題をはじめ多くの社会問題を引き起こしたのである。産業化がもたらした新しい環境に適応するまでの間に多くの解決しなければならない課題を突きつけたのである。そして、それはイギリスだけの問題ではなく、当時のヨーロッパ社会にも同様の問題を引き起こしたのである。さらに、現在も産業化を目指している発展途上国では多かれ少なかれ同様の問題を引き起こしている。先進国が歩んだ歴史を知りながら、同様の問題が生じていることは残念なことではあるが、オグバーンの文化遅滞の指摘をあらためて確認することができよう。

そして、現在の情報通信技術の発展が、新たな問題を引き起こしているのである。しかし、かつての産業革命とは異なり、「情報通信革命」とでも呼ぶべき事態は、世界規模で同時的に拡大進行しているのである。ここでは、もはや過去の失敗を教訓として参考にできることは少ない。おそらくは日本が最初かもしれない携帯電話を媒介にした「振り込め詐欺」の問題は、日本の近隣のアジア諸国のみならず、日本の裏側ブラジルでも発生している。しかし、これらに対して、いずれの国も注意を促すような水準にとどまっており、その根本的な解決にはほど遠い現実がある。世界同時的に問題が生じている。技術とその適応のズレがここにも生じている。技術の平和的な利用は、望まれるべき事態であるが、その実際の運用の中で、予期せぬ問題を引き起こしている。しかし、このような中にいまの私たちの生活がある。次節でこの問題をさらに具体的に掘り下げてみよう。

10.3　社会問題の出現と適応文化の遅れ

技術の進歩と社会の対応の問題は、近年、様々な分野で大きな問題となっている。人間の歴史を振り返るとき、どの時代にも少なからず、変化があり、科学や技術の進歩を見て取ることは可能であろう。そのように考えると、「技術の進歩と社会の対応の問題」はどの時代にもあったものなのかもしれない。しかし、現代の世界を見回すとき、私たちは多くのことを考えなければならない。例えば、クローン技術の進歩、再生医療の進歩は、「命」のあり方そのものを考えさせる事態となった。人間社会が排出する二酸化炭素に原因があるとされる地球温暖化の問題は、人間の生存そのものを脅かす事態となった。そして、ここで主題としている情報化に関わる問題も決して軽視できない現実がある。

例えば先にも触れた「振り込め詐欺」という犯罪は、いまや世界規模で生じている問題である。この犯罪の主役は電話である。電話という音声だけのコミュニケーションツールが、この犯罪を可能にしたのである。音声だけで相手を完全に識別することは、困難なことである。電話は、固定電話も携帯電話も電話番号によって特定の個人が識別されるわけであるが、番号の桁数さえ間違えなければ、原理的には不特定多数の人々に電話をかけることができる。振り込め詐欺が成立するためには、ある程度の相手の情報、即ち、個人情報が必要であるが、子どもがいない家庭に息子を名乗る事例などもあり、無作為に詐欺をはたらこうとする犯罪者がいる。このような状態では、もはや、電話を持っている人すべてが振り込め詐欺の対象者になっていると言っても過言でないかもしれない。この振り込め詐欺が成立する前提は、電話の技術の進歩と表現する方が正確かもしれない。即ち、この犯罪を可能にしたのは、携帯電話の出現にあったからである。固定電話では、その送受信は、特定の場所に限定されていた。したがって、固定電話の場合、犯罪に使ったとしても、必ず、その場所が特定されたのである。しかし、携帯電話になり、特定の場所に拘束されないという事態が、この犯罪を可能にした。固定電話にしろ、携帯電話にしろ、契約者が存在し、持ち主個人が特定できる状態にはある。しかし、携帯電話の場合、契約者と異なる人物が不正な手段で携帯電話を取得できれば、その使用場所が固定されないということから、直ちに犯罪者本人を特定されずに犯罪を行うことも可能となったのである。

さらに問題を拡大したのは、金銭の授受に用いられた銀行のATM（現金自動預け払い機）の普及である。銀行側の窓口業務の合理化と利用場所や利用時間の拡大など利用者の利便性の上昇という、二つの利益が一致してこのATMは爆発的な普及を見せた。このATMによって対面的な接触をすることなく、金銭の受け渡しが可能になった。現在では、ATMの1日の利用限度枠が設けられ、窓口でも一定額の送金には身分証明が必要となった。そして、窓口でもATMでも振り込め詐欺に対する注意が常に呼びかけられている事態となった。しかし、現在でも、この振り込め詐欺は発生しており、銀行窓口やATMなどを用いないバイク便を利用する新種の受け渡し形態が出現するなど、いまだ収束の段階にはない。

いずれにせよ、この問題が出現した原因は、第一に電話の普及にあった。電話という、間接的な接触機器がこの問題を可能にしたのである。さらに携帯電話という発信場所を選ばない、間接的接触機器が犯人の特定を妨げることになった。先に触れたように、固定電話であれば、容易に場所が特定されてしまう。それが、携帯電話を特徴づける移動性が悪用されることになった。もちろん、携帯電話の普及以前にも電話を用いた犯罪は存在した。それが公衆電話を利用した犯罪である。誘拐犯が公衆電話を利用して、身の代金を要求するような事件などはその典型であろう。しかし、現代の携帯電話を利用した振り込め詐欺の発生件数に比べれば、それはきわめて少ないものであった。「振り込め詐欺」を可能にしたもう一つの原因が、非対面型の銀行のATMの出現にあったことを、あらためて強調したい。ATMは、きわめて限定されていた銀行の通常の営業時間を大幅に超えた利用を可能にした。コンビニに設置されたものは24時間稼働することさえある。しかも、現金を取り扱うにもかかわらず、その対応をすべて機械が行うところに最大の特徴がある。携帯電話同様、ATMも間接的な接触機器であるという点で共通している。そして、この利便性に向けた機械化という特徴が犯罪に利用されることになったのである。まさに、適応文化の遅れが、これらの犯罪を招いているのである。おそらく機器の開発者は、機器の作動に関するトラブルについては様々な予想を立て、それらに対応していたのかもしれない。しかし、その運用上の問題についてはどれだけそれを想定できたのだろうか？　携帯電話やATMの開発者が、「振り込め詐欺」を開発当初から想定していたであろうか？　予想できた問題は、問題が生じてもそれほど大きな問題にはならない。しかし、予想できなかった問題については、それが顕在化したとき、甚大な被害をもたらすことになる。いずれにせよ、技術と運用のズレがここにある。問題への対応は、常に後追いとなるということは、多くの場合避けられない。しかし、私たちはこのような事態を数多く経験している。新しい技術は私たちにそれまでにない利便性を提供してくれる。その反面、それまでに経験していない危険をももたらすこともあるのだ。私たちはこのような現実のなかに生きているということをあらためて確認しておく必要があろう。

10.4　社会の適応と成熟に向けて

技術の発展とそれに伴う私たちの生活の変化の問題はもはや無視することができない。様々な科学の進歩は、私たちに新たな生活を提供してくれる。その一方で、私たちは、伝統的な考え方では対応できないもの、全く新たな考え方を必要とするものとの対峙を否応なしに迫られている。私たちは新たな技術がもたらす利便性を享受するとともに、時としてその代償も払わねばならない。それは、その影響が大きければ大きいほど社会として、その対応を求められることになる。

新たな技術の発展は、新しい産業を生み出すと同時に、従来の産業にも変化を求める。近代社会は産業化によって、農業を中心とした農村社会を大きく変化させた。そこでは、新たな産業が伝統的な社会を変化させることになった。しかし、それは変化にとどまらず、伝統社会の破壊に至ったこともあったのである。近代の産業化はまず欧米で見いだされるわけであるが、この欧米の産業化のなかで「社会解体」と呼ばれる現象が生じたのである。新たな産業の参入は、新たな雇用を生み出しただけではなく、そこにあった古くから築かれてきた人間関係を変化させ、伝統社会そのものを壊したのである。それは、欧米だけではなく、明治以降日本の社会においても同様であったのである。

伝統社会はある意味で安定した社会である。そこには、多くの問題も生じていたことであろう。しかし、それもその都度、検討され、長い時間のなかで調整され、解決されてきたのである。そのなかに人間の生活があったのである。新たな技術の発展は、私たちに多くの豊かさをもたらしてくれた。医療技術の進歩のおかげで、従来、治療が困難であった病気やけがも治療が可能になり、私たちの生命や生活の質は格段に向上した。農業技術の進歩のおかげで、様々な農産物の安定した生産や供給が可能になった。工業技術の進歩のおかげで、衣食住に関わる様々な物質的利便性を手に入れることができた。そして、情報通信技術の進歩のおかげで、様々な情報を瞬時に手に入れることができるようになった。

しかし、これまで見てきたように、常に私たちにとって、有益なことばかりではなかったのである。新たな技術の発展に伴い、新たな問題が出現し、私たちの方でもそれらに対応し、そして適応することが求められたのである。それは、個人にとっても、社会にとっても同様であった。私たちの社会は常に変動している。私たちが考えなければならないのは、問題が発生したとき、どのように対処するかである。現象として生じている表面的な問題の解決は急務かもしれない。しかし、その一方で、私たちの考え方を変化させ成熟させていくことも必要である。これは先に触れた「非物質的文化」の側面の形成といえる。

10.5　新たな課題

新たな技術は、現在の私たちの生活にとって欠くことのできないものとなっており、何より私たちはここから多くの豊かさを手に入れた。しかし、世界のすべての人々が、これらを等しく享受しているわけではない。新たな技術の格差は先進国と発展途上国という区別をつくり出した。技術の格差と生活の格差がここにある。世界全体を見渡せば、先進国では当たり前の安価な薬が手に入らず、先進国では救われる命が、発展途上国では失われる現実が、いまも後を絶たない。大型の耕作機械を使い大規模な農場が経営される一方で、やせた農耕地をいまだ人間の手だけで耕す人々の姿も、決してまれなものではない。もちろん、技術の普及が必ずしも幸福をもたらすわけではない。これまでに見てきたように、新たな技術が、従来にない問題を引き起こしたのである。しかし、少なくとも、新たな技術がもたらした恩恵は、やはり大きなものであったことは否定できない。

この新たな技術の格差の問題は、情報通信技術の分野においても同様である。これはディジタルデバイドと呼ばれる。これについては現代の情報化社会を考える上で避けて通れない問題である。これについては次章で詳しく考察することになるが、現代社会の問題の一つとして注意しなければならない問題であろう。しかし、これらは、教育によって、多くの改善が期待されるところでもある。

情報通信技術の発展がもたらす新たな社会問題の直接的な対応として、特に犯罪に関わる問題などは、法的な規制によるところが大きいのかもしれない。しかし、法という水準ではなく、ルールやマナーといった緩やかな社会規範の醸成も必要なのかもしれない。新たな法の整備だけではなく、ルールやマナーといったものも、まさにオグバーンの指摘する「適応文化」や「非物質的文化」に属するものである。

法やルール、マナーは、個人の行動を規制することになるが、そのことによって一つの秩序が形成され、社会の中に生きる人々にとって、円滑な社会生活がもたらされることになる。しかし、それが社会からの一方的な強要や拘束であってはならない。むしろ、これらの意味や意義を理解した上で人々のなかに受容されることが必要である。理由が理解されないなかでの行動の規制は時として暴力と変わりないものになる。このとき重要な役割を果たしてくれるのが教育なのである。技術の習得も重要な要素であるが、それと同時にその技術を運用する際の問題を周知させることがまず必要となろう。もちろん、技術そのものがまだ進歩の途上にあるとき、新たな問題が生じる可能性は否定できないのかもしれない。しかし、問題を放置することもできない。流動的な事態の中で流動的に対応することが迫られている。これがいま私たちの生活している情報社会の現実である。この現実から逃れることは難しいのかもしれない。そうであるならば、私たちは何をすればよいのだろうか？　まずは、いま起きている問題を客観的に分析することが必要であろう。何が起きているのか？　何が問題なのかを考えてみよう。そして、表面的な現象のみにとらわれることなく、その本質を見極める能力をもつことが必要となる。

第11章

情報の格差問題の本質を考える

11.1　新たな格差問題の出現

私たちは、それぞれ一個の人格を持った他に代えることのできない存在である。そこには自らの意思を持った他とは異なった主体としての人間の姿がある。人はそれぞれ異なっている。そして、それは当然のことなのである。その一方で、私たちは、自立した一個の人間であると同時にある社会のなかに生きている社会的な存在でもある。このとき、他者との違いが注目されることがある。異なっていることが当たり前の人間であるはずなのに、異なっていることが問題となるのである。

現代の日本社会を「格差社会」と呼び、新たな社会問題の一つとしてこの問題が注目されている。〈勝ち組〉と〈負け組〉などの言葉によって、この格差という事態が表されている。ここで指摘される格差とは主に生活に密接した経済的格差を表している。かつて、身分制度の存在した時代で身分の違いが格差の原因であったこともある。あるいは、現在もその余韻は残っているかもしれないが、かつては土地を所有しているか、いないか、ということが大きな格差をもたらしたこともある。そして、現在では、様々な財産を所有しているか、いないか、あるいは、ある能力を所有しているか、いないかなど、有形無形を問わず、あるものの所有が格差の原因となりうる。格差という概念は、単なる違いではなく、不均衡な利益、不利益が含意されている。あるものを所有しているか、いないかによって、人間の生活や活動に決定的な違いが出ることがある。

情報の所有ということにおいても同様のことがいえる。情報を持つ者と持たぬ者の間に格差が生じることになる。即ち、情報量の差が格差につながる。近年では日常的に用いられる「情報格差」という言葉ではあるが、その問題は単純ではない。情報を所有するといっても、そこには様々な状況が存在する。私たちはすべてに等しく情報を手に入れることはできない。ここには、情報の入手に関わる問題と情報の理解や解釈に関わる問題がある。本章では現代社会に生じた新たな問題としての情報格差の問題を表面的な現象にとどまらず少し掘り下げて考察する。

11.2　格差とは何か

私たちの周りに様々な格差を見いだすことができる。しかし、そこには現象としての格差だけではなく、格差を生み出す格差がある。格差を生み出す格差も現象として見いだされることには変わりないが、ある格差が別の格差を生じさせるという意味では、根本的問題をはらんだ格差であるといえる。格差を生み出す格差の一つとして教育格差を挙げることができる。教育の格差、それは、所有している知識の有無の差ではなく、厳密にはそれを運用する能力の差とつながる。

例えば、読み書きができるということ、それは、文字を知っているというだけではなく、文字化された言語を扱う能力を意味している。話し言葉に限定された言語能力に比べ、文字を使うことができるということはコミュニケーションの可能性を格段に高めてくれることになる。そして、なによりその文字を通して別の様々な知識を獲得することが可能になる。しかし、文字を知らず、文字を使えなければ、文字を使える者との間に大きな差をつくることになる。文字の読み書きの能力は、リテラシーと呼ばれる。

文字を用いた記録、特に文書を用いた記録は、様々な形で人間社会のなかで利用されてきた。その典型的なものとして、契約がある。公的な約束である契約は、個人的なもののみならず、会社、国家の間にも用いられるものであり、その証が文書として記録される。文書主義が批判されて久しいが、いかなる批判があろうとも、もはや私たちの社会において、文書を無視することはできない。読み書きの能力はもはや社会のなかで生きるために必要不可欠な能力といえよう。しかし、この読み書きの能力は教育によってもたらされるもので、教育を受けられる者のみに与えられるものであり、生まれ持って私たちに備わったものではない。

公的な教育が普及しているところでは、この読み書きの能力の習得がまず目指される。先に述べたように生活に不可欠な能力であることがまさにその理由である。きわめて悲しいことであるが、世界を見渡すと、社会のなかで生きるための基礎能力とでもいうべき読み書きの能力を持たない人々が数多く存在する。その多くは貧困層の人々であり、読み書きの能力を持たないがゆえに貧困のなかにある人も多い。貧困がゆえに教育を受ける機会に恵まれず、読み書きができない。読み書きができないがゆえに、仕事に就くことができず、貧困にとどまる人々がいる。読み書き能力に起因する悪循環の現実を見ることができる。読み書きの能力があればすべてが解決されるわけではない。しかし、読み書きができないということで多くの可能性が制限されていることは事実であろう。読み書きに限らず、多くの知識や技能は後天的に学ばれるものであり、教育によってそれが担われている。教育を通して、様々な可能性が開かれるのである。知識や能力の所有が問題となる。そして、このことが結果として経済格差を生み出す原因となるのである。

そして、この問題の本当の問題は、何かを所有するということではなく、それ以前のところにある。それは、すべての人が、すべてにおいて等しく何かを所有することはできないということ、等しく能力を拡大する機会が得られることができないということである。つまり、この教育格差の問題を考えるとき、知識や能力を所有する以前の問題にも注目しなければならない。即ち、教育を受ける機会、学べる機会は決してすべての人々にとって均等ではないのだ。

情報を手に入れるということについても、格差問題が生じている。そこでは、一般には、情報を入手する手段に関する問題として論じられることが多い。それは、情報を入手するためのコンピュータの所有や利用環境の有無に関する問題とそれを操作するための知識の有無に関する問題として。即ち、情報を収集する機器があるか無いか、そしてそれを使うための知識があるかどうかという、いわばハードの側面に終始した議論である。コンピュータを持っているかいないか、そして、それを使えるか使えないかによって、得られる情報量に違いが生じ、結果としてそれが生活をはじめとする格差につながるというものである。

しかし、ここには本質的な議論が抜け落ちている。情報を情報として選択するには、一定の知識が必要であり、さらに、手に入れた情報を活用するにしても、やはり一定の知識が必要であるということである。機器の所有やその操作能力は情報の収集にとって必要な条件であるし、これらが原因で格差が生じることもある。しかし、情報格差はそれだけではないこともまた事実である。情報選択と情報活用の問題も避けることができないのである。コンピュータを持っていれば、インターネットが使えればすべて解決などというわけにはいかない。機器の操作ができても、情報は手に入らないのである。〈情報格差〉という問題の本質を考えるとき、このように情報を得るための機器の所有、あるいは利用できる環境の有無とそれら機器の利用能力に起因する格差、すなわち、〈情報の入手手段〉に関わる格差と〈情報の認識・活用能力〉に起因する格差と二重の格差が潜んでいるのである。情報というものが、誰もが等しく得られるものではないということ、そして、情報というものが、誰もが等しく理解できるものではないということに、あらためて注意を払う必要があるのである。

11.3　情報選択に見る格差

私たちは様々な手段を用いて情報を獲得する。それは友人からの口コミかもしれないし、テレビや新聞からかもしれないし、あるいは、インターネットからかもしれない。しかし、情報とはすべての人々が等しく必要としているとは限らない。むしろ、情報とは、必要としている人にとってのみ情報となるといえる。その一方で、いくら情報を必要としていても、必要としている情報が必ず獲得される保証はどこにもない。

情報は私たちの周りに存在している。それは、顕在化しているものもあれば潜在化しているものもある。いずれにせよ、情報は情報として認識されてはじめて情報となる。そして、情報として認識できるためには、それなりの知識が必要となる。

私たちには情報を情報として認識する能力が必要となる。普段、私たちは情報を探すというとき、ほしい情報の大まかなところを知った上で、図書館に行って本を調べたり、インターネットで検索をしたりして、情報を得ようとする。それは、知りたいことについての知識があってはじめて可能になる。ここで考えてほしいのは情報を探す以前の問題である。

これまで繰り返してきたことであるが、情報とは、情報として選択されてはじめて情報となる。問題なのは、この選択というプロセスである。即ち、情報をいかなる基準で選択するのかという問題に結びつく。そこでは、情報を選択する人間の持つ事前の知識の有無が大きな影響を及ぼすことになる。情報を情報として認識するためには、事前に持っている知識が必要であり、この知識の有無によって、得られる情報は異なることになる。この事前の知識がないならば、たとえ目の前にある事柄であっても、情報として認識することはできない。情報格差が問題になるとき、その多くは、〈情報の入手手段〉の問題として取り上げられる。即ち、アクセス機会の格差問題が中心となる。確かに、アクセスの機会が不平等である現実があり、そこから何らかの不利益が生じるという問題は注目されなければならない。

しかし、情報の獲得に際して、この事前の知識の有無が重要となることを、ここではあらためて注意したい。先に述べたように情報の格差問題を考えるとき、この事前の知識がすべての人々に等しく所有されていないということを忘れてはならない。情報を認識する際、すでに差が生じている。ここに情報格差の本当の源が見いだされる。ここで注目されているのは情報を見極める能力の差であり、これが情報の獲得、情報の認知の格差へとつながるという事態が問題なのである。情報を情報として認識できなければ、〈情報の入手手段〉の問題へ至ることはない。

情報認識の格差は教育の格差に密接に結びついている。知識の有無によって見いだせる情報に差が出る。実はこの当たり前のことが問題なのである。情報格差を考える上での本質がここに隠れている。教育の機会の格差は、認識の格差を生じさせる。情報の獲得能力は教育環境に依存している。学校教育のみに問題を転嫁させることはできないし、教育の均等の機会を与えればそれで解決するわけではない。しかし、教育によって、認識を得るための知識が提供されることは紛れもない事実である。

11.4　情報活用の格差

私たちは、様々な状況の下で情報を得ている。あるときは、テレビやインターネットを見ていて受動的に情報を得る。またあるとき、ある必要から、図書館で本を調べる、あるいは、インターネットで検索をするなど能動的に情報を得る。しかし、いずれにせよ、情報の獲得は新たな認識の獲得であるといえる。そして、時としてそれは、これまでに知らなかった別の世界を私たちに見せてくれる。

私たちは日常生活を当たり前のように生きているけれども、私たちの生きる場をすべて知っているわけではない。私たちの生きる場は、絶えず、動き、変化している。絶えざる運動のなかに私たちの生活が成り立っているといえよう。そのようななかで私たちは情報に対して、能動的、受動的に関わることになる。いずれにせよ、選択された情報は一つの認識された事実として活用されることになる。しかし、情報の認識と同様に、情報の活用についてもまた、すべての人が等しく活用することができるとは限らない。むしろ、その活用の程度は個々人で異なるのが普通かもしれない。しかし、この差の原因が個人ではなく、社会に起因するとき、大きな問題となる。

私たちは、様々な情報を総合的に分析することによって複雑な出来事を認識することができる。そこでは、情報に対する意味づけがなされることになる。ここに情報処理の本質がある。即ち、情報処理に際し、コンピュータをはじめ様々な機器を用いることによって多くの可能性を拡大させてきた。情報の整理や単純な情報の比較は、コンピュータを用いることによって人間の手によるものより格段のスピードを持って行うことができるであろう。しかし、情報の意味づけについては、やはり人間の分析能力が必要とされる。コンピュータの進化は、一個人の能力を超えた大量の情報の収集や整理を可能にした。コンピュータの操作能力の有無が情報処理に大きな影響を持つことは事実であろう。そして、コンピュータを使えるか否かによって、情報の取り扱いに差が出ることも事実である。しかし、そのような事態に至っても、コンピュータは情報を取り扱うための道具にすぎないことを強調したい。コンピュータはそれを使う人間の能力に依存しているという事実を忘れてはならない。先に述べたように、情報処理は、コンピュータの操作能力があるに越したことはないが、そもそも情報を収集したり整理したりするといっても、それらの基準は人間が決めるものであり、何より、それは個人の能力に基づいている。そして、情報の意味を見いだす能力についても同様である。情報の意味づけが最終的に重要となるが、それ以前の情報を収集、整理するということも、個々人のもつ能力に依存した機器の操作以前の問題なのである。

このように考えると情報を処理することに関する格差とは、少なくとも二つのタイプに分類して考える必要があるように思える。現代社会において、情報が様々な機器を通して提供されており、機器の操作能力次第では、情報を得ることに差が生じるという現実をもはや無視できない。したがって、情報機器の操作能力に基づく格差の問題は確かに存在する。しかし、これまで繰り返してきたように、情報を選択し、意味づけ、関係づける能力に基づくもう一方の格差も存在するのである。

11.5　情報格差の根本問題

情報機器の操作に起因する問題は、機器の操作法の学習の機会と機器への適応能力に原因を見ることができる。それは、性別や年齢に関係なく生じる問題ではあるが、機器の操作に関しては年齢を追うごとにその学習能力は低下しており、特に多くの高齢者において、新たな機器操作の学習は個人差の大きい事態にある。情報格差が指摘されたとき、まず指摘された問題、機器を使えないために情報を得ることができないという格差問題、いわゆるディジタルデバイドの問題をここに見ることができる。

その一方で、情報を選択し、整理し、意味づけ、関係づける能力に基づく格差についても、私たちは目を向けなければならない。私たちは、自らが持っている知識を用いることによって、情報を認識する。情報を取り扱うということは、意味あるものとして情報を位置づけることにある。情報を処理するとは、ある基準を持って、その情報を選択し、そこにある意味を見いだし、そして、それが関わる何事かを見いだすことである。私たちの周りには認識の対象となる情報が潜在している。しかし、それらは意図的に選択されて、はじめて情報として認識される。そこでは、ある選択基準によってあるものが情報として区別され、固有の意味が付与されて情報として認識されることになる。そして、情報はその関係化のなかで情報としての意味を持つ。情報は単独で意味をなすことはなく、様々な関係のなかで意味を持つのである。したがって、ある情報に対して、複数の関係が見いだされるならば、そこには複数の意味が見いだされることになる。

例えば、社会に関する情報は社会的関係のなかで意味を持って存在することになる。そこには変化する社会のなかで、新たな関係化の可能性と、それに伴う新たな意味と新たな差異の創出が潜在することになる。このことは社会のなかに置かれた私たちの認識に変化を要求するものになる。この関係というものを見誤った認識は、誤った認識となる。特に、このことは、私たちの情報の認識に際し、関係の把握の重要性として指摘してきたものである。そして、格差問題を考えるなかで、情報を処理するということの本質として、これらを考察してきた。

機器操作に関する格差が問題でないというのではない。しかし、自分にどんな情報が必要なのかということを機械は教えてくれないのである。そして、得られた情報を活用するのは情報を得た人間自身の問題なのである。情報を活用するには、それなりの知識を要することになる。例えば、政治に関する情報を活用するには、政治に関する知識が必要であり、経済に関する情報を活用するには、経済に関する知識が必要なのである。これらのことは常に専門知識を必要とするものではないかもしれない。けれども、持ちうる知識によってその活用の仕方は異なることになる。そして、ここに格差が生じることになる。

現代の情報機器の発達は、情報収集に関して大きな進歩であった。特にコンピュータや携帯電話の普及はその典型である。さらに、インターネットの世界的な拡大は、地球規模での情報網を私たちに提供してくれた。一個人の手に入れることのできる情報量の可能性は格段に増えたのである。このような現実の前にコンピュータや携帯電話を利用できることは、それを利用できない人に比べ、大きな差となる。そして、生活そのものへの影響からそれが単なる差ではなく、「格差」に発展する。情報機器の操作ができるということは、一つの利点であり、現代の情報機器の普及の現実を踏まえるならば、その操作能力は現代社会のなかで生きるのに必要な条件になりつつある。しかし、それと同時に情報を意味づけ、関連づける能力がなければ、情報機器操作の習熟も意味がない。得られる情報量が増えれば増えるほど、それを処理する能力が求められる。情報を収集することと、それを処理することとは別のことである。

情報収集力の格差を問題視しないのではない。情報機器を使えるか否かで、収集できる情報量に差は生じる。情報機器の普及が不十分な時代は、操作能力とその格差が問題にされよう。しかし、現代の日本社会において、情報機器の普及は著しく、機械操作に不慣れとされてきた高齢者もいまではインターネットを使い、携帯電話を持ち歩くことも日常的な風景となってきた。そのようななかで、情報機器を持てない一部の貧困層や操作を苦手とする人々には、大きな格差問題となり得ることは事実である。社会的弱者と呼ばれる人々にこの情報に起因する格差が生じることには十分注意されなければならない。その一方で情報を処理する能力と情報機器の操作能力を分けて考えてきたが、これらは教育という同一線上で考えることも可能である。冒頭で述べたように貧困問題は、教育の格差にその原因の一端を見ることができる。そこでも述べたが、教育だけですべてが解決できるわけではない。格差とは何か？　様々な回答が用意できるのかもしれない。しかし、格差によって個々人の「可能性」が制限されるということは一つの事実である。それは、情報を収集できること、情報を処理できるということ、そのことによって、様々な可能性が開かれると言い換えられよう。情報格差を考えることで私たちは何を見いだすことができるだろうか？

第12章

生活世界と情報モラル

12.1　開かれた情報環境

現代の情報通信技術の進歩は、私たちの世界を大きく変えつつあるといわれる。確かに、情報社会と呼ばれるような状況において、従来とは異なった情報環境に私たちは置かれている。私たちの生活にとって、情報は欠くことのできない重要なものである。しかし、その重要性は、いまに始まったことではない。けれども、あえて、現在、情報を問題として取り上げるには、それなりの理由が生じたのである。情報は、すべての人々にとって平等に与えられるわけではない。そこには、情報の発信者と情報の受信者の非対称な関係がある。しかし、この非対称性こそが、情報を情報として成立させている。その一方で、すべての情報がすべての人々に必要であるわけでもない。情報は、それを利用、活用できる人にとってのみ、意味ある情報となる。

では、現在、問題となるような事態とは何なのか？　その一つに情報へのアクセス環境の変化を見ることができる。情報通信技術の進歩は、多くの人々に容易に情報へアクセスする機会を開いた。しかも、そこでは、容易に情報を受信できるのみならず、容易に情報を発信する機会をも開いたのである。この容易さは、私たちにとって多くの利便性をもたらした。以前では知ることもできなかったことを、いまでは、瞬時に知ることができるようになった。以前では自分の意見を他者に伝えるには限界があったが、いまでは、思いついたら瞬時にそれを発信できるようになった。しかも、この情報の受信も発信も世界規模で行えるのである。

この情報への開かれた二つの側面は、私たちに多くの可能性を開いてくれたのである。しかし、同時に、この利便性が、過去にない問題を引き起こすことになったのである。ここでは情報に対する新たなモラルである「情報モラル」について考察する。それは、この後、情報社会に生きる人々にとって、重要な意味を持ってくるであろう課題を多分に含んでいるからである。

12.2　生活世界とモラル

私たちの生活は他者との共存のなかにある。他者の存在なしに私たちの現在の生活はもはや成り立たないのである。人間はその社会のなかで生きていくとき社会から多くの制約を受けることになる。それは、社会のルールとして、私たちの前に現れることになる。自由に考える頭脳と、自由に行動できる身体を持った私たちにとっては、それは、不快なことかもしれない。しかし、複数の人々がともに生活するとき、すべての人が好き勝手に行動したのでは、お互いの自由すら奪われる結果となる。いずれにせよ、社会からの制約としてのルールは、他者を前提とした行動として反映される。社会のルールは人間の行動を制御し方向づける機能を持っている。このとき社会のルールは社会の成員に特定の行動を期待している現れであるといえる。そして、そのお互いの期待のなかに秩序を見ているのである。

いま、私たちが直面している現代の情報環境はいわば自由度を高められた環境として特徴づけることができる。しかし、この自由度の高められた情報環境には、それを利用する人間の姿があることを忘れてはならない。そこには自己以外の他者の存在があり、他者との共存のなかにはじめて自由がある。したがって、他者との間に、ひとたび、自由を与えられたとき、そこには、未規制な事態があるのではなく、逆に、自由に伴う自主的な規制が必要になる。即ち、自由とは無規制な状態ではなく、自由そのものを維持するために規制を必要としているものなのである。私たちがルールを守るということは私たち自身の自由を守るためなのである。

しかし、現在、ここに大きな問題が生じている。自分自身を守るためのルールでありながら、それを軽視したりさらには無視したりする事態が生じている。情報の発信、受信が容易な現代の情報環境は、まさに容易に、他者に対して著しい危害や損害を与えることになった。身近なところでも、インターネット上の掲示板への誹謗中傷、盗撮された写真や個人情報の流出など、問題を挙げればきりがない。しかし、現在の情報環境は一個人の問題だけではなく、地域や国家、場合によっては世界規模までの問題に派生した。そこには、一部にせよ、深刻な秩序の崩壊が見て取れる。このようななかで私たちは、あらためて情報を取り扱うための「モラル」というものを考えなければならない。モラルとは、私たちに期待された行為様式であり、行為者が自覚的に行ってはじめて意味を持つものである。

現代社会において、情報というものが私たちの生活にきわめて密接に関わることになった。この状況をさらに詳しく分析するために、日常生活の場をここでは「生活世界」と呼ぶことにする。この生活世界への情報通信技術の介入は、私たちの生活にとって、歓迎すべきものであった。家にいながら、瞬時に必要な情報を収集できる。それは、すべてではないにしろ、障がいを持った人々や高齢者にとっては、新たな世界を提供するものであり、彼らの可能性を拡大してくれさえもする。ユビキタス社会と呼ばれる社会像は、現代の理想的な社会像の一つに思える。しかし、それも、理性ある利用者を想定したものであり、例えば、「振り込め詐欺」に代表されように、悪意ある者によって、高齢者をはじめ多くの人々が犠牲になっている現実を忘れてはならない。

生活世界は、私たちにとってまさに生きる上での基盤となる世界である。この生活の基盤が脅かされる情報環境はやはり見過ごすことはできない。このとき、情報を取り扱う人々の情報モラルは、現代の生活世界の存立にとって重要な意味を持つことになる。

モラルとは、人間に先天的に備わっているものではない。それは後天的学習によるものであり、いかにしてそれを学習するのかという問題がある。モラルとは、社会のなかで、認められ受け入れられてきた行為様式である。そして、その内容は社会に依存することになる。したがって、社会が異なるなら、異なったモラルが存在することになる。しかし、情報モラルについては事情が少し異なる。現代の情報社会は、まさにグローバルな形で展開しており、一個人の行動が国を越えて影響を及ぼすこともある。私たちはこのようなことも踏まえて情報モラルを考えなければならないのである。情報モラルの問題は、情報の発信と情報の受信とでは、その性質を異にすることになる。以下では、これらをそれぞれ個別に考察し、さらに深くこの問題を考えてみよう。

12.3　情報の受信とその諸問題

現代の情報環境は、収集可能な情報量だけではなく、情報伝達の範囲や速度までをも格段に上昇させた。その結果、地球上の出来事をほぼ同時に把握することすら可能になったといえる。しかし、時として、その情報の取り扱いには、従来にない慎重さも求められることになった。インターネット等で得られる情報は、発信源によっては、その情報の信憑性について疑義が生じることになる。即ち、情報の真偽が疑われる場合がある。発信源が明確であれば、その情報が必ず信頼できるというわけではないかもしれない。しかし、情報源が明らかであれば少なくとも、その責任の所在を確認できる。ところが、インターネット上の情報などについては、真偽を見極める能力が必要になることが多い。掲示板などに書き込まれた情報などには、時として偽りの情報も紛れ込む。さらには、操作された情報が掲示され、それによって、人々が意図的に方向づけられる場合もある。しかし、それらは、たとえ愉快犯でも許されることではない。いずれにせよ、このような偽りの情報によって、私たちの社会に深刻な混乱が生じる可能性も否定できないのである。

また、近年における複製技術の発展についても考えなければならない問題が生じている。コピー機の出現は、文字や図像の容易な複写を可能にした。そして、近年のコンピュータの普及により、文字や図像のデータ化が容易になり、それに伴いその複製もさらに容易になった。それに加えてインターネットなど情報通信網の普及と拡大は、その複製物の容易な量産と瞬時の移動を可能にした。その利用方法によっては、きわめて利便性が高く、有益な事態である。しかし、その複製と移動の容易さは、様々な問題を引き起こすことになる。文芸、学術作品、図像や音楽などについては、それぞれの作者に与えられる著作権が発生しているものもあり、無断でそれらを複製したり配信したりすることはできない。また、それら複製されたものを利用することもできない。これらはいずれも違法な行為になる。しかし、これらがネット上に置かれているならば、技術的にはきわめて初歩的な操作でこれらを入手することが可能なのである。

現在、インターネットや携帯電話を通して、私たちはこれらの不正なデータをたやすく入手することができる。しかも、通信料金のみでこれらのデータを入手できることもまれではない。著作権、特許権、意匠権、商標権など、人間の精神的な活動の結果生み出された財産に対する権利を総称して「知的財産権」と呼ぶ。私たちは、確かに簡単に不正なデータを入手することが可能な状態に置かれている。しかし、このような状態が続くならば、創作活動は困難となり、新たな作品が生まれにくい状況になる。人間の精神活動をすべて商業活動に結びつけて考えるには無理があろう。しかし、不正なデータの入手を容認することはできない。

さらに、不正なデータの入手のみならず、不正な利用についても注意を向けなければならない。例えば、学術論文などはその性格上、インターネット上に公開されている場合もある。しかし、それらは結果の共有を意図しているものであり、それ以外の何ものでもない。出所を明らかにした引用であるならばともかく、これを無断で取り出し、一部にせよ、全部にせよ、自分のものとして公表するような盗用、盗作などの不正は許されない。まさに人間としてのモラルが問われる事態である。情報は活用されてはじめて情報としての意味を持つ。しかし、その利用については、それを利用する個人の良識にゆだねられている。知的財産権を侵す利己的な利用者が増えるならば、それに応じた対抗策が講じられることになるかもしれない。そして、その結果、現在のような容易な情報の入手に制限が加えられる事態に至るかもしれない。このように情報を入手することが容易になった現代の状況ではあるが、その反面、情報の取り扱いへのモラルに対して、高い意識が要求されることになった。このことは情報の発信においても同様である。このことについて次節でさらに詳しく見ていこう。

12.4　情報発信の容易さと匿名性の問題

私たちの生きているこの日本において言論の自由が制約されていた時代があった。それは決して遠い過去のことではない。そこでは、自分の意見を思った通りに自由に公表することがいまほど容易ではなかったといえる。しかし、現在の私たちは、言論の自由、発言の自由について、不満に思うことは少ないのかもしれない。もちろん、現在においても、言論の公表や発言には制約がある。他者の名誉を著しく損なうような発言は、法的な処罰の対象になるのである。

情報通信技術の発達、特にインターネットや携帯電話の発達とその世界規模での普及は、私たちに情報発信の大きな可能性を与えてくれた。そこでは、まさにほとんど無規制に近い状態で不特定多数の人々に情報を発信できる環境が存在する。発信される形式は、文字だけではなく、画像や音声、あるいは、音声を伴った動画さえも発信できる。しかも、匿名性を維持しつつこれらを行うことができる。その内容が個人のプライバシーに関わることでも、会社の極秘の事柄でも、さらには国家の機密事項であろうと全く関係なく匿名的に発信できるのである。これらは、削除されることがあるにしても、あるいは、後に発信者を特定し法的な処罰を与えることがあろうと、その公表時は、ほとんど無規制の状態で発信することが可能なのである。これが、私たちがいま置かれている情報環境の現実である。情報の不特定多数への匿名的配信という事態がここにある。

これまで、情報の不特定多数への配信という事態は、マスメディアによる特権的なものであった。テレビやラジオ、新聞を通して、不特定多数の人々の情報を提供していた。そこには、法的な規制がある一方で、マスメディア自身の自主的な規制のなかで、秩序が維持されていた。何より、発信者は匿名ではなく、その責任の所在が明らかであるという点では大きな違いがある。

発言の責任の所在が明確であることにマスメディアとインターネット上での発言の大きな違いを見いだすことができる。もちろん、インターネット上でも責任の所在がはっきりしているものもある。しかし、インターネットや携帯電話の掲示板などにおける個人の発言では、その責任の所在は直ちに確認することが困難なことも多く、場合によれば、架空の名義で獲得したメールアドレスを用いた発言もあり得る。いずれにせよ、マスメディアでは個々人の発言にせよ、それが無規制に流されることはほとんどない。

また、情報の発信が容易であるということは、自分の意見を発信するのが容易であるということだけではない。他人の意見を発信したり、他人の創り出した作品を発信したりすることも可能であることを意味する。画像にしろ、動画にしろ、あるいは音楽にしろ、インターネットで送信可能な形式にデータ加工されたならば、これらも無規制に配信が可能になってしまう。人の名誉に関わる問題は人権問題として、法的処罰の対象になる。その一方で他者の創作した文書、画像、動画、音楽を無断で配信すればそれは、知的財産権の侵害という事態を引き起こし、これも法的処罰の対象になる。

データ化された文書、画像、動画、音楽などは、いずれも利用に関しては多くの利便性を持っている。データ化されたこれらは一つの情報として機能し、時間、空間を越えて、再利用できる可能性が開かれることになった。しかし、そこには、再利用に関し制約があることを私たちは自覚しなければならい。

個人の自由な創作活動があり、それを自由に表現できる場として、現在の情報環境はきわめて有効なものである。しかし、それは時として、個人の人権や知的財産権を侵害することになる。一個人の自由な情報発信の可能性は私たちにとって歓迎すべき事態である。しかし、その一方で、他者の権利を奪う行為は許されない。他者の権利とは立場を変えれば自己の権利となり得る。つまり、他者の権利を奪わないということは、自己の権利を守ることにつながるのである。情報に関わるモラルとして、私たちはこのことをあらためて考えなければならない。

12.5　情報社会に生きること

現代の情報環境に生きる私たちにとって新たなモラルの必要性が生じている。しかし、それは、この環境のなかで生きるための必要条件であるともいえる。この議論中で再三指摘してきたことであるが、この環境は、新たな自由を私たちに与えてくれた。それは、新たな可能性の獲得でもある。しかし、その一方で私たちはその自由に見合う自己の制御を求められている。少なくとも他者の権利を奪うような自由の行使は認められない。

個人の創作活動は、社会文化的にも保護されるべきであり、それは一個人の権利の保護にとどまるものではない。そこでは、「知的財産権」の保護が重要となる。情報の不特定多数への配信は、新たな表現の場として評価することができる。しかし、そこには社会全体での「知的財産の保護」と「言論や表現の自由の確保」という課題に立たされることになった。

情報が一部の人間にのみに集中しているような状況は、望ましくないことかもしれない。その一方で、他者の権利に対して無頓着な状況も問題である。まさに現代の情報環境は多くの可能性を多くの人々に与えている新たな大衆社会を形成している。そして、そこにはこれまでの大衆社会同様の特徴が備わっている。例えば、そこには「責任の分散」という事態が生じているのではないだろうか？「責任の分散」とは、関わる人々が多いとき、関係する行動に対して責任を感じなくなってしまう事態である。誰もが同じ状況にあると感じたとき、個人の行為への責任が薄らいでしまうのである。その結果、多くの人が同じ行動をとり、問題がエスカレートしてしまうのである。例えば、この不正な情報の入手についていえば、多くの人々が同じように不正なデータの入手の可能性を持っているという事態が問題なのである。このとき、不正な情報を入手する可能性を持った人が多ければ多いほど、不正に対する罪悪感が薄らいでしまうのである。さらには、自分一人が不正行為をやってもさほどの影響はないと感じてしまうのである。しかし、どの人もそのように感じる結果、多くの人々が不正を行うことになり、その被害が甚大なものとなってしまうのである。このことを防ぐには、自身を制御できる強い意志が必要なのかもしれない。しかし、いずれにせよ、他者の権利を侵さないことは、回り回って自分の権利を侵されないことにつながる。

私たちの生活世界に入り込んできた、新たな情報環境は私たちの生活そのものに大きな影響を与えることになった。しかし、その生活の根底にある他者の共存という事態は変わることはない。モラルとは他者を前提にした行為様式であり、社会生活のなかで他者との円滑な生活のための規範でもあった。そして、新たな情報の世界が生活世界にリンクするとき、新たなモラル、情報モラルが必要となった。この新たなモラルが必要になった現実を私たちはもう一度考えなければならない。つまり、ここであえて、情報モラルを話題にしなければならない現実を見つめ直さねばならない。何も問題がないならば、あえて情報モラルを話題にすることはないのである。次章ではその現実の問題としてネット上の「いじめ」について考察を行う。現代の情報社会のなかに生きる私たちにとって、それは決して他人事ではないのである。むしろ意識的にこの問題に向き合わねばならないのである。情報モラルを問うことは現代の情報社会の現実を問うことにもつながるのである。

第13章

ネット世界の人間関係

13.1　非対面的世界の問題

情報社会のコミュニケーションにおいて、特徴的なのは物理的距離と時間を大幅に縮めたところにある。携帯電話の普及、インターネットの普及とそのアクセスポイントの拡大は、時と場所を選ばず他者とのコミュニケーションを可能にした。しかし、それは、機器を介したコミュニケーションであり、その利便性と引き替えに、対面的なコミュニケーションではなく、非対面的なコミュニケーションという形態をとることになった。そして、この非対面性は、匿名性を生み出した。それは、相手の特定ができないというものだけではなく、「なりすまし」というような事態も可能にしたのである。そして、「振り込め詐欺」を引き起こしたり、ネット上のブログや掲示板に特定の個人の誹謗中傷を不特定多数の人々に公開する事態を引き起こしたりすることになった。これらはいままでにない問題として、多くの被害を生み出すことになり、現代社会においてもはや見逃すことのできない事態になった。

しかし、これまで見てきたように、いかに情報機器が発達しようと、その背後には、生身の人間の姿があることには変わりない。即ち、情報機器が発端であるにせよ、それを利用する人間の問題として、人間社会の問題として、これらの問題を考えねばならない。

13.2　匿名性の問題

電話を悪用した「振り込め詐欺」の問題、ネット上の掲示板やブログなど不特定多数の人々が閲覧できる場での「誹謗中傷」の問題が社会問題となって久しい。これらの問題は、振り込め詐欺については高齢者の、「誹謗中傷」については若者、特に中学生や高校生の被害が、取り上げられることが多いが、しかし、いずれも、その可能性は年齢を超えて様々な人々に被害の可能性をもたらしている。

これらの問題は、社会全体として無視できない事態となっている。携帯電話を介した犯罪、ネットを介した犯罪、これらの背後にある間接的な人間関係が、これらの問題を可能にしている。確かに、これらの問題が携帯電話やインターネットといった新たなメディアのなかで起こっている以上、その原因をこれら情報機器の問題に見ることは容易であろう。

現在、私たちを取り巻く情報にまつわる環境は、大きく変化したことは事実である。しかし、現在、私たちが対面している問題は、単純に情報機器の問題だけなのだろうか？　私たちは確かに、これまでに経験していないような問題に向き合うことになった。それらは、一原因一結果のような決して単純な構造では理解できない問題として、私たちの前に現れている。例えば、中学生や高校生のなかに生じたネット上での「誹謗中傷」は、〈新たないじめ〉の問題として、クローズアップされた。しかし、問題は、情報機器だけなのであろうか？　この問題の本質を考えるために、私たちが関心を寄せるべきことはどこにあるのだろうか？

確かに、インターネットや携帯電話が存在しなければ、それを媒介にしたメールや掲示板での誹謗中傷は存在しないのかもしれない。しかし、インターネットや携帯電話を世界から抹消することはもはや不可能である。そうであるならば、いま、私たちは、何を考えなければならないのだろうか？

まずは、被害者の救済にあたることは、急務であろう。いま、苦しんでいる人々に対して、何らかの方策を直ちに立てなければならない。ここで話題にしている、情報機器を媒介にした問題に共通しているのは、なんといっても、相手の顔が見えないことにある。これら情報機器を介した場合、文字にしろ、音声にしろ、これらを用いた発信者と特定の人物とを合致させることは難しい場合も多い。メールには発信者のメールアドレスが表示され、電話においても電話番号を表示させることが可能である。しかし、第三者が、一時的に携帯電話やコンピュータ、電話を使用する可能性を100％排除することはできない。そして、犯罪にこれらが使用されるときは、偽って登録されたメールアドレスであったり、不正に取得された携帯電話であったり、発信者を特定できないようにされているケースがほとんどである。犯罪者がその身を隠して犯罪を行う。それはいつの時代も変わらないのかもしれない。しかし、情報機器の利便性と引き替えに私たちが甘受しなければならない人間関係の間接性は、犯罪者が容易に身を隠す匿名性をもたらしたのである。もちろん、様々な方法を駆使して、犯罪者を特定することはできるのかもしれない。しかし、それは一素人が容易にできることではないこともまた事実であろう。けれども、この匿名的な世界像は、ネットの世界固有の現象なのであろうか？　近代化に伴って、いわゆる伝統的な地域社会が崩壊したといわれるようになって久しい。もちろん、近代化した社会すべてにおいて、伝統社会が消え去ったといえばそれは嘘になろう。他者との関わりなしに私たちの生活は成り立たないのである。しかし、地域に根ざした対面的な人間関係が希薄になっていることは事実であろう。このような希薄な人間関係のなかに私たちの生活が存在することになる。そして、学校や職場といった個人にとって密接な場となる世界のなかの関係にも希薄化が進行している。

その一方で、この小さな世界はお互いの顔が見える場でもある。そして、お互いが何らかの関係のなかに拘束される場でもある。そこには意見の相違や葛藤が生じることもある。このようななかに生じたのがネット上の誹謗中傷問題である。

ネット上の誹謗中傷は、加害者と被害者は全く見知らぬ関係では生じない問題である。匿名による誹謗中傷といいながら、その背後には被害者を知っている何者かの存在がある。自分と関わりのある何者かの誹謗中傷であるがゆえに恐怖を覚えるのである。そして、その誹謗中傷が周りの人々との関係に影響を与えるからこそ問題となるのである。特定できない何者かの攻撃が現実の人間関係に影響を与えるのである。それは、希薄化した社会のなかの限られた人間関係に生じているがゆえにその影響は大きいのである。

13.3　ネット上のいじめ

ネット上の誹謗中傷の問題を考えるとき、ネットの世界という特殊な状況に目を奪われる。確かに、ネット上の掲示板やブログがなければ、そこに誹謗中傷が掲載されることはないのかもしれない。しかし、なぜ、間接的な方法で誹謗中傷が生じるのかということである。ここではネットを媒介にした「いじめ」と誹謗中傷という行為について、その主体である加害者、被害者、そして、それが行われる場としての社会環境について考察したい。特に、子どもたちのなかに生じたネット上の「誹謗中傷」、即ち、ネット上の「いじめ」について考えてみたい。

「いじめ」ということを考えるとき、まずその厳密な定義ができておらず、曖昧なままでこれらが取り扱われている。例えば「暴力」と「いじめ」の差についても議論が分かれるところもある。文部科学省の「児童生徒の問題行動等生徒指導上の諸問題に

区分		小学校		中学校		高等学校		特別支援学校		計	
		件数（件）	構成比（%）	件数（件）	構成比（%）	件数（件）	構成比（%）	件数（件）	構成比（%）	件数（件）	構成比（%）
冷やかしやからかい、悪口や脅し文句、嫌なことを言われる。	20年度	26,925	66.0	23,332	63.4	3,842	57.0	173	56.0	54,272	64.1
	21年度	23,055	66.3	20,785	64.7	3,157	56.0	120	46.3	47,117	64.7
仲間はずれ、集団による無視をされる。	20年度	9,999	24.5	7,721	21.0	1,054	15.6	30	9.7	18,804	22.2
	21年度	8,334	24.0	6,303	19.6	842	14.9	22	8.5	15,501	21.3
軽くぶつかられたり、遊ぶふりをして叩かれたり、蹴られたりする。	20年度	9,388	23.0	6,520	17.7	1,491	22.1	47	15.2	17,446	20.6
	21年度	8,119	23.4	6,219	19.4	1,338	23.7	70	27.0	15,746	21.6
ひどくぶつかられたり、叩かれたり、蹴られたりする。	20年度	2,431	6.0	2,691	7.3	625	9.3	24	7.8	5,771	6.8
	21年度	2,098	6.0	2,382	7.4	594	10.5	31	12.0	5,105	7.0
金品をたかられる。	20年度	811	2.0	1,039	2.8	432	6.4	19	6.1	2,301	2.7
	21年度	746	2.1	1,021	3.2	387	6.9	20	7.7	2,174	3.0
金品を隠されたり、盗まれたり、壊されたり、捨てられたりする。	20年度	3,168	7.8	3,280	8.9	539	8.0	28	9.1	7,015	8.3
	21年度	2,689	7.7	2,842	8.9	473	8.4	17	6.6	6,021	8.3
嫌なことや恥ずかしいこと、危険なことをされたり、させられたりする。	20年度	2,721	6.7	2,479	6.7	698	10.4	30	9.7	5,928	7.0
	21年度	2,315	6.7	2,285	7.1	607	10.8	24	9.3	5,231	7.2
パソコンや携帯電話等で、誹謗中傷や嫌なことをされる。	20年度	457	1.1	2,765	7.5	1,271	18.9	34	11.0	4,527	5.3
	21年度	301	0.9	1,898	5.9	948	16.8	23	8.9	3,170	4.4
その他	20年度	1,541	3.8	1,142	3.1	394	5.8	6	1.9	3,083	3.6
	21年度	1,184	3.4	880	2.7	361	6.4	13	5.0	2,438	3.3

表13.1　いじめの態様の推移【国公私立合計】

（出典：文部科学省「平成21年度「児童生徒の問題行動等生徒指導上の諸問題に関する調査」について）

関する調査」では、「いじめ」を継続して調査しているが、その「いじめ」の定義については状況にあわせて変更されている。以前は、いじめを「①自分より弱いものに対して一方的に、②身体的・心理的な攻撃を継続的に加え、③相手が深刻な苦痛を感じているもの。なお、起こった場所は学校の内外を問わない」として調査していたが、平成18年度からは、いじめを「当該児童生徒が、一定の人間関係のある者から、心理的・物理的な攻撃を受けたことにより、精神的な苦痛を感じているもの。なお、起こった場所は学校の内外を問わない」と再定義して調査している（出典：文部科学省「平成21年度「児童生徒の問題行動等生徒指導上の諸問題に関する調査」について」）。

この調査報告では、図13.1の「いじめの態様の推移」に見ることができるように学校における児童生徒のなかでの「いじめ」の認知件数の減少傾向を指摘すると同時に、「暴力」については増加傾向を指摘している。具体的には、「1）小・中・高等学校における暴力行為の発生件数は約6万1千件と、前年度（約6万件）より約1千件増加し、小・中学校においては過去最高の件数に上る。2）小・中・高・特別支援学校における、いじめの認知件数は約7万3千件と、前年度（約8万5千件）より約1万2千件減少している」と指摘する（出典：文部科学省「平成21年度「児童生徒の問題行動等生徒指導上の諸問題に関する調査」について」）。この調査報告では、「いじめ」を、「冷やかしやからかい、悪口や脅し文句、嫌なことを言われる」「仲間はずれ、集団による無視をされる」「軽くぶつかられたり、遊ぶふりをして叩かれたり、蹴られたりする」「ひどくぶつかられたり、叩かれたり、蹴られたりする」「金品をたかられる」「金品を隠されたり、盗まれたり、壊されたり、捨てられたりする」「嫌なことや恥ずかしいこと、危険なことをされたり、させられたりする」「パソコンや携帯電話等で、誹謗中傷や嫌なことをされる」「その他」というものに区別して統計的に整理されている。そして、「パソコンや携帯電話等で、誹謗中傷や嫌なことをされる」という項目を見てみると、平成20年度と平成21年度では、小学校では457件→301件、中学校では2765件→1898件、高等学校では1271件→948件となっており、いずれも前年を下回っている。特に中学校の減少は著しく見える。これらは、学校関係者をはじめ多くの人々の努力の結果であったかもしれないが、その一方で、これらの数値は、文部科学省に報告されたものであり、実際に生じている被害をすべて表したものではないことも事実である。もしかしたら、この裏には、もっと多くの被害が潜んでいるかもしれないことを忘れてはならない。

また、文部科学省の主導のもとにつくられた、「子どもを守り育てる有識者会議」は平成19年に「『ネット上のいじめ問題』に対する喫緊の提案について」を発表しこの問題について緊急の提言を行っている。そのなかでネット上のいじめに対して次の4つの特徴を挙げている。

〈ネット上のいじめ〉とは
⑴ 不特定多数の者から、特定の子どもに対する誹謗・中傷が絶え間なく集中的に行われ、また、誰により書き込まれたかを特定することが困難な場合が多いことから、被害が短期間できわめて深刻なものとなること
⑵ ネットが持つ匿名性から安易に書き込みが行われている結果、子どもが簡単に被害者にも加害者にもなってしまうこと
⑶ 子どもたちが利用する学校非公式サイト（いわゆる「学校裏サイト」）を用いて、情報の収集や加工が容易にできることから、子どもたちの個人情報や画像がネット上に流出し、それらが悪用されていること
⑷ 保護者や教師など身近な大人が、子どもたちの携帯電話やインターネットの利用の実態を十分に把握しておらず、また、保護者や教師により『ネット上のいじめ』を発見することが難しいため、その実態を把握し効果的な対策を講じることが困難であること

先の調査報告書にあるように、「一般的ないじめ」は、学校の内外を問わず、一定の人間関係のある者から、心理的・物理的な攻撃を受けたことにより、精神的な苦痛を感じているものと定義されているが、これは、相手がわかっている場合も大きな苦痛となるであろうが、前節で確認したように、ネット特有の匿名性は、誰かわからないものが自分を攻撃している不安、場合によれば、不特定多数の攻撃でもあり、被害者に大きな精神的苦痛を与えることになる。この匿名的な不特定多数の人間の攻撃による精神的

苦痛こそ、「ネット上のいじめ」がもたらす最大の問題である。もちろん、けがを負わせるなど肉体的苦痛も問題であるが、精神的な苦痛は、その回復にも時間がかかり、その後の人生にも大きな影響を及ぼすことになる。〈ネット上のいじめ〉はその性質上、間接的なものであるが、その本質は直接的な暴力以上に深刻なものになる。そして、何より、加害者は、被害者に対面することなく、いじめを行っている。いじめを自覚し、確信的に行っている場合もあるかもしれないが、場合によると、些細なことであると考え、加害者自身が事態の深刻さを認識できていない場合もある。この非対面的な状況にこそ、この問題の本質がある。そして、現在の情報機器の発達がこの事態を手助けしているのである。

13.4 〈ネット上のいじめ〉がもたらすもの

「ネット上のいじめ」は、ネット上の不特定多数の前で、匿名的人間から攻撃されるところに大きな特徴がある。様々な人が閲覧可能なネット上で、いわば大衆の前でさらし者にされている状況がつくられることになる。いろいろな人が自分の悪口を見ている。そして、誹謗中傷しているのは、自分を知っている誰かであるにもかかわらず、加害者を特定できない恐怖もあわせ持つことになる。さらに、見ず知らずのものがその誹謗中傷に同意したり、さらなる誹謗中傷を加えたりして、攻撃を拡大することもある。そこには匿名性がゆえに無責任なコメントも容易に掲載される。そのような状況に至ったとき、被害者は、社会から孤立し、社会全体から非難されているような絶望的な気持ちに陥る者も出てくる。もちろん、攻撃だけではなく、その誹謗中傷を否定し、被害者を擁護するものもあるが、そのような場合、擁護したものがネット上で攻撃の対象にされることもある。ここに、ネット上のいじめにおける、匿名性、不特定多数の閲覧者の関与の可能性、そして発言の無責任性の問題を見ることができる。

匿名の誹謗中傷がもたらすものは身近な人々への疑いであろう。先に触れたように、ここで問題なのが自分に対しての攻撃的発言であるにもかかわらず、誰が自分を攻撃しているのかわからない恐怖、周りにいる人々がみな加害者に見えてしまう恐怖が発生することにある。もしかしたら親友が自分を攻撃しているかもしれないと考えてしまう者もあるかもしれない。しかも、そこに不特定多数の閲覧と関与の可能性が加わることになる。どこの誰だかわからない人たちから集中的に攻撃されることさえある。複数の人々に自分の誹謗中傷がさらされているという屈辱とともにそれに荷担する複数の人々の存在が被害者を追いつめることになる。私たちは確かに、身体に危害が加わる物理的暴力に恐怖を感じる。しかし、誹謗中傷という言葉の暴力に対して私たちはなぜ恐怖を感じるのだろうか？

本書の様々なところで指摘してきたことであるが、ネット上という間接的空間の世界の出来事でありながら、その裏には生身の人間がいるのである。この生身の人間が関わっているところに本当の問題がある。人間は人それぞれ様々な社会に関わる。しかし、私たちが、対面的に直接的関係を持つ社会は意外と限られている。そして、その社会は狭く、人間関係も密なものとなることが多い。児童生徒であるならば、学校がその社会の典型である。それは子どもたちの生活のなかでも大きな比重を占めている場である。子どもたちは、そのなかで生きているのである。ネット上の誹謗中傷は、この生活の場に重大な影響を及ぼすことになる。結果として、攻撃を受けた子どもは集団から孤立させられてしまうことになる。誹謗中傷によって最終的にもたらされるのは、存在の否定であるといえるかもしれない。

例えば、「ウザイ」「きもい」などの暴言を浴びせた後、「死ね」、「消えろ」などの言葉によってその存在を否定しようとする掲示板上の発言を見ることは容易である。もちろん、ネット上でなくても、このような言葉を浴びせるいじめは存在する。しかし、対面的なものであるならば、そこには発言者が特定されることになる。しかし、ネット上では文字として記録され、削除されるまで、その文字が表示され続けられる。それは継続的な攻撃を意味する。しかも、不特定多数の前にさらされ続けるのである。そして、様々な救済策が講じられてはいるが、ひとたびネット上に掲載された誹謗中傷は、消去されるまでには少なからず時間がかかることになる。

もちろん、これまでも学校のなかで集団による対面的ないじめも存在した。いじめというものを考えるとき、この集団との関わりが問題となる。しかし、ここで「対面的ないじめ」と「ネット上のいじめ」との大きな違いは、容易な関与と発言の無責任性にある。匿名性の問題とも密接に結びつくものであるが、発言主体の特定が困難であるということから、その発言が過激になったり、事実と異なる発言になったりすることもある。しかも、その発言はその真偽とは関係なく一人歩きするのである。大衆の心理の問題として、同じ条件で行動できるとき、そこに関与する者が多ければ多いほど、一個人の責任感が薄れることがある。これは前節でも述べた「責任の分散」と呼ばれる事態である。ネット上では、この責任の分散が生じる条件を十分に持っているのである。特に複数の人間による攻撃がエスカレートする原因はここに見ることができる。私たちは集団の持つこのような特性も十分知っておく必要があろう。

13.5　いじめの裏に見えるもの

子どもたちのネット環境は、確かに、このように卑劣な、誹謗中傷を可能にした。この問題への対応を考えるとき、まず被害に遭っている子どもたちの救済を進めねばならない。ネット上に掲載された問題のある発言を削除すると同時に被害者の心のケアをする必要がある。学校も社会もこのような事態がいかに悪質であり、何よりこの行為が暴力行為そのものであることを周知させることが必要であろう。

「対面的ないじめ」はこれまで数多く存在し、学校のなかでも決して無視できない問題の一つであったはずである。もちろん、携帯電話やインターネットという身近に、しかも容易に人知れず誹謗中傷を行える現在の事態を無視はできない。特にこの環境は従来、加害者になるはずのなかった子どもたちを容易に加害者に導いてしまうからである。しかし、なぜ、子どもたちは誹謗中傷をするのであろうか？　ウザイ、ムカツク、キレる、このような言葉が子どもたちの会話に頻繁に見られるようになって久しい。この言葉の意味するところは何なのか？　子どもたちは好きこのんでこれらの言葉を発しているのではない。子どもたちにこのような言葉を発せさせている状況がそこにあるのである。子どもたちは、思春期固有の孤独や不安、学業至上主義のなかの序列化される現実、その一方で希薄化する人間関係のなかで、ある意味でストレスの処理能力を超えた状態に置かれているのかもしれない。

〈ネット上のいじめ〉これは従来にないいじめの形態である。しかし、問題の本質はネット上には存在しない。問題を起こす子どもたちに何が起こっているのか？　いや、このネット上の誹謗中傷は子どもたちだけの問題だけではなく、大人の世界にも起こっている問題なのである。私たちの社会に何が起こっているのか？　これらを見極めることなくこの問題を根本的に解決することはできない。もちろん、これは一朝一夕に解決できないかもしれない。目の前に傷ついている者を救済することは何より重要なことである。しかし、次の犠牲者を出さぬためには、たとえ時間がかかろうともこの根本問題を軽視することも無視することも許されまい。〈ネット上のいじめ〉は現代のいじめの一形態であるが、それは私たちの社会の問題を映しだした象徴的な現象に他ならないのである。

第14章

情報社会のなかの人間

14.1　社会と情報

私たちは社会のなかで複数の人々とともに生きている。そこでは複数の人々がただ存在するのではなく、様々な関わりを通して存在している。そこに私たちの生活が構築されているのである。自己ではない他者との関係を通して人々の生活が成立しているのである。この複数の他者のなかに生きることによって、私たちは一人では実現することが困難な多くのものを手に入れることができる。衣食住にわたり、現代の豊かさは決して一人の人間によって手に入れることはできないものなのである。

そして、繰り返し述べてきたように現在、情報通信技術の発展により、従来では考えられなかったような速さで、大量の情報を瞬時に手に入れることが可能な社会になった。情報社会という表現に現代社会の特徴を見いだすとき、そこに私たちは何を連想するのだろうか？　日々絶え間なく流され続ける大量の情報だろうか？　それとも世界中を瞬時に結びつける情報通信網であろうか？　いずれにせよ、現在の私たちの周りにはおびただしい量の情報が世界中から提供されている。そこには、有益な情報もあれば、まさに有害と表現すべき情報も混在している。この情報通信技術の発展は、現代に生きる人間の生活に大きく影響することになったことは間違いない。そして、これまで考察してきたように、従来にない問題もあわせて発生することになったのである。

情報は誰かが発信し、そして、誰かがそれを受信するという、一連のプロセスのなかに存在する。情報は送り手と受け手の間に伝達されるメッセージなのである。そして、この送り手も受け手も生きている人間なのである。いかに高度な情報通信機器であろうとそれは最終的には人間と人間を結ぶ道具にすぎない。情報社会と呼ばれ、情報の取り扱いがいかに強調されようと、そこに社会が存在するとき、人間の存在や人間の関係を無視することはできないのである。私たちは社会のなかに生きるとき、社会からの様々な制約や方向づけによって、安定した社会生活を保っている。そして、情報社会と人間の関係を考えるとき、情報と社会の要求する制約を考えないわけにはゆかない。本章では、これまでの議論を総括しながら、情報社会の特異性を見直してみよう。

14.2　情報社会の間接性

社会が人々に要求する行動を規制するルールは、一般的には行為規範と呼ばれる。それは日常的な立ち居振る舞いに始まる習慣、習俗というものから、さらには、法など、様々な形式を持つことになる。これらは社会生活を通して人間がつくり出したもので、社会によってその内容を異にすることになる。このような、社会が創りだした行為規範、あるいは社会が認める価値を自分自身のものとして内面化することを社会化と呼ぶ。社会化によって私たちの行動が一定の方向性を持つとき、私たちは社会の成員として認められ、社会のなかで生きることが許されることになる。

私たちは社会のなかで様々な地位という属性を負い、その属性に付与された役割という行動をとることが期待されている。そこには自らの意志で自由な行動ができるにもかかわらず、社会のなかで、ふさわしいと考えられている行動を自らの意志で選択することになる。社会のなかに生きるというとき、自分ではない他者と共に生きているという事実を考慮せざるを得ない。社会のなかで生きるということは、他者というものを前提にし、自己を制御するということが社会の成員として存在するための条件となる。しかし、これまでに述べてきたようにこれらの行動様式は、私たちにあらかじめ備わったものではない。その多くは学習することによって獲得されるものである。この学習の積み重ねを通して、社会に適応できる人間として発達することになる。人間は社会のなかで生きていくとき、その社会から多くの制約を受けている。個人にとってそれは、多くの場合、他者を前提とした社会からの拘束として反映されることになる。社会は人間の行動を制御し方向づける。このとき社会が制約をもたらすということは、その社会に生きる人間に特定の行動を期待しているといえる。それは特定の状況下における行動の制限であるといえよう。しかし、社会は多様な可能性を限定することによってわれわれに一つの秩序をもたらしてくれる。自由な情報の発信と受信が、現在の情報環境の大きな特徴であった。この自由の意味するところを私たちはあらためて考えなければならない。一個の独立した人間にとって外部からの行動の拘束は、決して快いものではないかもしれない。しかし、それが他者の尊厳や権利を侵害する行動であったならどうであろうか？　他者の尊厳や権利を侵害することも自由だとするならば、逆の立場となり、自らの尊厳や権利を侵害されても何もいえないことになる。他者の尊厳や権利を守ることは、自分自身の尊厳や権利を守ることになるということをここでもう一度、確認したい。現在の情報環境は、自由な情報の発信と受信を可能にすると同時に、個人の顔を隠してしまっている。情報を発信したり受信したりする個人の存在は確かにあるのに、それを行っている個人の顔は必ずしも明らかにはならない。ここに間接的な人間関係という現代の情報環境のもつもう一つの特徴がある。この間接的な人間関係に現代の情報社会の問題の原因の一端を見いだすことができるのである。「振り込め詐欺」も「ネット上の誹謗中傷」もみな間接的な人間関係に起因しているのである。「詐欺」も「誹謗中傷」もインターネットや携帯電話が存在しなくても生じた問題かもしれない。前章までの考察のなかで触れたように、「振り込め詐欺」も「ネット上の誹謗中傷」も情報通信機器そのものに根本的原因を見いだすことは困難なのである。しかし、その一方で情報通信機器を媒介にしてこれらの問題が生じていることも事実であり、情報通信機器の側面からこの問題を分析するとき、直接的な人間同士の情報の交換ではなく、情報のネットワークを経由した間接的な人間関係に問題を見いだすことができるのである。間接的だからこそ「振り込め詐欺」や「ネット上の誹謗中傷」が起こったのである。そのような意味で、インターネットや携帯電話の存在が「振り込め詐欺」や「ネット上の誹謗中傷」をもたらしたことは事実であろう。現代の情報通信環境はこのような問題の発生をきわめて容易にした。そして、そこにはほとんど規制らしい規制はなく、この問題を大きく象徴するものとして情報発信の匿名性を指摘できよう。そこには責任の所在が不明確になる事態を多分に持つことになった。小学生によるインターネットの掲示板上での殺人予告などはその典型かもしれない。誰もが手軽に情報を入手でき、誰もが手軽に情報を発信できる時代において、従来にない課題を社会は抱えることになった。しかし、それは情報通信機器がその特性を悪用され道具として使用された結果にすぎないのである。それは未熟な道具の使用といえよう。だからこそ、情報通信機器の利用法についての教育が必要なのであり、情報リテラシー、情報モラルの教育の必要性がここにある。現代の情報社会に生きざるを得ない子どもたちに対しては早期の教育が必要なのかもしれない。もちろん、即効性という点では教育だけでは限界もある。残念なことではあるが、法的な規制や罰則も現段階では必要なのかもしれない。いずれにせよ、私たちはいまだ成熟していない情報社会のなかに生きているのである。

14.3　情報の過多と情報選択の偏り

社会には様々な側面があり、様々な特徴がある。しかもその特徴は、時代とともに変化することになる。情報というものが社会にとって不可欠であるということはいまに始まったことではない。しかし、情報社会と呼ばれる現代社会において、〈情報〉と〈社会〉との関係は、以前とは異なった様相を見せており、インターネットや携帯電話をはじめとする新たな情報通信環境の出現は従来にない状況をもたらしていることもまた事実であろう。

そのようななかで、最後に情報過多と情報選択にまつわる問題に焦点を当てたい。情報の選択性については、すでに考察した事柄であるが、情報社会と人間との関係を主題としたとき、情報過多と情報選択の問題には注目すべき点がいくつか見いだされる。インターネットや携帯電話の普及は、大量の情報を瞬時に伝達してくれる環境をつくりあげた。その結果、日々とどまることを知らないかのように大量の情報が流され続けている。これが情報社会の持つ一つの特徴であるといえよう。この状況のなかで私たちは情報を選択することになる。大量の情報の前での情報の獲得とは、まさに高度な情報の選択的行為であるといえる。私たちは大量の情報のなかから必要な情報を選択することを迫られることになる。この現代の日々大量の情報が提供されるこのような事態はまさに〈情報過多〉と呼べるものであろう。しかし、人間の処理できる情報量は限られている。そのなかで情報の選択を強いられるのである。しかし、情報を選択するには、それぞれの情報内容に対応した判断能力が必要なのである。いま、私たちは様々な情報に遭遇する可能性を持っている。しかし、それらをすべて認識し、理解できるわけではない。場合によれば、目の前にあることでもそれを認識できないこともある。情報を認識するためにはそれに対応できるだけの、認識能力が必要なのである。この認識能力は学習されるものであり、生まれもって持っているものではない。私たち人間の持つ学習能力は決して低いものではない。しかし、それでもそこには自ずと限界もある。現代の情報環境がもたらす、大量の情報を前に、すべてに対して吟味し、認識することはもはや不可能であろう。ここに十分な判断力を持たずに情報を選択する可能性が生じる。自分に理解できる、自分に都合のよい情報だけを集中的に摂取し、自分に都合のよい判断を下すことさえも起こりえる。ここに情報の恣意的選択の問題がある。そもそも情報を獲得するということは、特定の意図を持って行われることであり、恣意的な行為である。しかし、十分な理解力を持たずに情報を選択したり、判断したりすることにいかなる意味があるのだろうか？　自らの欲求に基づいて、情報を収集し、判断するとき、果たして妥当な判断が可能なのだろうか？　しかし、私たちは、すべてを吟味できない情報の洪水のなかに置かれており、そのなかで情報の選択を強要されているのである。この現実のなかに私たちの生活がある。そしてこれが現代の情報社会なのである。すべてを知ることはできない状況のなかで、情報に関わらねばならない。すべてを知りえないからといって、情報を不用意に扱うとき、私たちは意図せざるところで方向を誤ることになる。私たちは情報を慎重に取り扱わねばならない。情報社会に生きる現代人にとって、数ある情報から特定の情報を選択し、総合する能力が強く求められることになる。これが情報処理能力である。

14.4　情報・人間・コミュニケーション

現代の情報社会におけるコミュニケーションを考えるとき、情報通信技術への注目は避けて通れない。大量の情報を多数の人々に、しかも広範囲に瞬時に伝達する技術は、私たちの社会に大きな影響を与えている。もちろん、従来のマスコミも少なからず、このような特性を持っていたが、マスコミは一方向性という制約を持っていた。しかし、インターネットに代表される現代の情報通信は、双方向性を持っており、情報の受信が中心であった人々に、情報の発信の機会を与えたのである。個人単位の情報発信が可能となった現在、私たちが受信できる情報量はマスコミとは比べものにならないほど大量なものになった。しかし、その反面、提供される情報の質については、情報発信の際の匿名性ともあいまって問題を孕むことも多く、信頼できる情報とそうでない情報とを分別する能力が求められることになった。また、情報を取り扱う能力についても個々人の間で違いが生じており、それゆえに新たな格差問題も生じてしまったのである。

多くの利便性と同時に多くの問題をもたらした新たな情報通信技術ではあるが、その背後には必ず人間の存在があることを忘れてはならない。即ち、この技術は人間にとっての道具にすぎないのである。しかし、道具にすぎないこの技術によって、人間社会が大きく変化しようとしている。コミュニケーションとはどのようなことであったのか？　そもそも人間の関係とはどのようなものであったのか？　人間社会とはどのようなものであったのか？

情報社会に現れた問題は、早急に解決が望まれるものもある。しかし、これらの問題を通して、私たちが当たり前であると感じているものにあらためて目を向けるきっかけを与えられているのかもしれない。私たちの生きている社会について、私たちは何を知っているのだろうか？　もちろん、すべてを知ることはできないかもしれない。しかし、だからといって無知であってよいわけでもない。情報社会と呼ばれる現代社会を生きる私たちにとって、情報のもつ特性を知ることは、この社会を生きるための前提条件かもしれない。

このことについて、近年のスマートフォンの普及は、私たちに多くの問題を提起している。スマートフォンのGPS機能の搭載は標準となり、容易に、しかも瞬時に自分の居場所を画面の地図上に反映し、道案内をしてくれる。さらには紛失したスマートフォンの位置を別の場所から地図上に示してくれる機能もある。しかし、使い方によっては、そのスマートフォンを所持している者の位置を第三者に伝えることにもつながる。また、GPS同様ほとんどのスマートフォンにはカメラが搭載され、静止画だけでなく、動画、しかも音声をともなって撮影、記録できるようになった。そして、これらをネット上に容易に掲載できるようにもなった。この機能を応用するとかつてはマスコミの取材を通して知った事件や事故の現場も一般の人びとからの情報提供で、時間差も感じさせないような情報がわれわれの手元に届くようになった。このように個人にとって利便性の高い情報を容易に手に入れ、また、容易に発信できるようになった。しかし、容易に情報が発信できる事態は、個人のプライバシーも容易に公開されてしまうことにもなる。そして、いまや当たり前のように、街中には監視カメラが設置され、当たり前のようにわれわれの行動を記録している。現代社会は、「監視社会」であるとまでいわれる事態となった。確かに防犯上にも、あるいは、犯罪者の検挙にも有効なのかもしれない。しかし、それとひき替えにわれわれは、個人のプライバシーを失ったのかもしれない。誰もが監視され、誰もが監視するそのような現実がここにある。現代の情報通信技術がもたらした利便性の背後には、様々な問題が存在している。しかし、それも含めて、私たちはこの現代の情報社会と向き合わねばならない。一つの絶対的な正解は存在しない。だからこそ、私たちは考えなければならない。なぜならば、この情報社会を創り出しているのは私たち自身なのだから。

第2部　参考文献

茨木正治・中島淳・圓岡偉男（編著）『情報社会とコミュニケーション』
ミネルヴァ書房、2010
大渕憲一『攻撃と暴力』丸善、2000
荻上チキ『ネットいじめ』PHP研究所、2008
加納寛子『ネットジェネレーションのための情報リテラシー＆情報モラル』
大学教育出版、2008
加納寛子（編）『実践　情報モラル教育』北大路書房、2005
木戸功・圓岡偉男（編著）『社会学的まなざし』新泉社、2002
小泉宣夫（監修）畠中伸敏・布広永示（編）『情報心理』日本文教出版、2009
渋井哲也『学校裏サイト　進化するネットいじめ』晋遊舎、2008
下田博次『学校裏サイト』東洋経済新報社、2008
C.E.シャノン・W.ウィーバー『通信の数学的理論』（植松友彦訳）ちくま学芸文庫、
2009
大黒岳彦『メディアの哲学』NTT出版、2006
圓岡偉男（編著）『社会学的問いかけ』新泉社、2006
寺島伸義『情報新時代のコミュニケーション学』北大路書房、2009
中正樹『「客観報道」とは何か』新泉社、2006
長谷川元洋（編著）『子どもたちのインターネット事件』東京書籍、2006
藤川大祐『ケータイ世界の子どもたち』講談社新書、2008
吉田民人『自己組織性の情報科学』新曜社、1990
吉田民人『情報と自己組織性の理論』東京大学出版会、1990
N.ルーマン『マスメディアのリアリティ』（林香里訳）木鐸社、2005
N.ルーマン『システム理論入門』（土方透監訳）新泉社、2007
E.M.ロジャース『コミュニケーションの科学』（安田寿明訳）共立書房、1992

あとがき

本書は、コミュニケーション技術（即ち、情報通信技術）の基礎とそれにまつわる諸問題を集中的に議論したものである。現代社会が情報社会と呼ばれるようになって久しい。インターネットも携帯電話ももはやわれわれの生活になくてはならないものとなった。情報通信技術の進歩は、人間のコミュニケーションを大きく変えてきた。電信技術にはじまる、この技術は、テレコミュニケーションという言葉に表されるように、離れた場所でのコミュニケーションを可能にしたところに大きな特徴がある。近年では、携帯電話に見られるように、高い移動性も加わり、その利便性はさらに拡大した。しかし、それらの多くの利便性とともに、従来にない問題も生じることになった。これらのことは、いずれも私たちの生活に直接、関わるものであり、現代人にとっての避けることのできない現実である。そのような現実にたいして技術面と社会現象面の双方からフォローする本書は、現代の情報社会を生きる人々に情報通信技術の世界の基礎知識を提供しようとしている。

いまだその進化を続ける情報通信技術であるので「まえがき」にも書いたように、今回2011年初版以降の進化を追加した。本書が、わずかでも読者諸氏のお役に立つならば幸いである。

本書を執筆するにあたり、「参考文献」に示した文献、資料などを参考にした。また、図表の引用または利用を快諾していただいた関係者に厚くお礼申しあげる。

最後に、本書の刊行に当たり、明石書店の大江道雅社長、神野斉編集部長にお礼申し上げなければならない。学術書の刊行が難しいなか本書の趣旨をご理解いただいたことには感謝の言葉しかない。また、編集の実務にあたられた黒田貴史氏にも同様にお礼申し上げたい。

2019年1月
金　武完
圓岡偉男

索引

数字

A

B

C

D

F

H

I

L

M

N

O

P

R

は

ひ

ふ

へ

ほ

ま

む

め

も

ゆ

ら

り

わ

著者略歴

金　武完（きむ　むわん）

1951年生。大阪大学大学院博士後期課程修了（電子工学専攻）工学博士。富士通研究所研究室長、富士通開発部長、モトローラシニアマネージャ、ルーセントディレクタ、ソフトバンク企画部長を経て2005年より東京情報大学総合情報学部教授。主著に『詳解 IMS制御技術』（共著）明石書店、『進化し続ける携帯電話技術』（共著）国書刊行会、『ネットワークプロトコルとアプリケーション』（共著）コロナ社 ほか。

圓岡 偉男（つぶらおか　ひでお）

1964年生。早稲田大学大学院人間科学研究科博士後期課程修了（理論社会学専攻）博士（人間科学）。早稲田大学人間科学部助手、早稲田大学人間総合研究センター客員研究員、東京情報大学総合情報学部准教授を経て2013年より東京情報大学総合情報学部教授（2017年4月より学部長）。主著に『情報社会学の基礎』学文社、『社会学的問いかけ』（編著）新泉社、『情報社会とコミュニケーション』（共編著）ミネルヴァ書房、『社会学的まなざし』（共編著）新泉社、『間主観性の人間科学』（共編著）言叢社 ほか。

入門　情報社会とコミュニケーション技術【改訂新版】

2019年2月22日　初版第1刷発行
2021年4月5日　初版第2刷発行

著者　金　武完
　　　圓岡偉男
発行者　大江道雅
発行所　株式会社明石書店
〒101-0021 東京都千代田区外神田6-9-5
電話　03（5818）1171
FAX　03（5818）1174
振替　00100-7-24505
https://www.akashi.co.jp/

組版　三冬社
装丁　明石書店デザイン室
印刷　株式会社文化カラー印刷
製本　協栄製本株式会社

ISBN978-4-7503-4792-9
（定価はカバーに表示してあります）